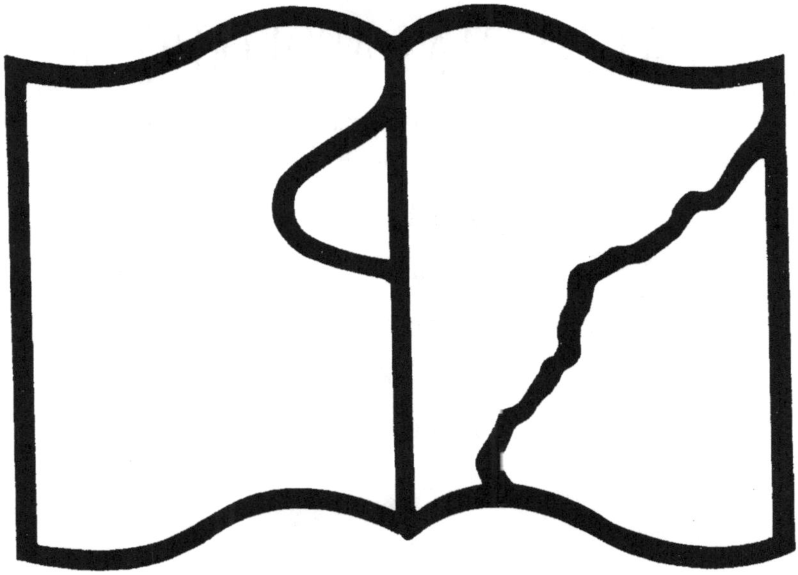

# DESCRIPTION SOMMAIRE

DE LA

# FAUNE MALACOLOGIQUE

DES FORMATIONS SAUMATRES & D'EAU DOUCE

DU

# GROUPE D'AIX

*(Bartonien-Aquitanien)*

DANS LE BAS-LANGUEDOC, LA PROVENCE & LE DAUPHINÉ

PAR

F. FONTANNES

LYON
H. GEORG, LIBRAIRE
RUE DE LA RÉPUBLIQUE, 65

PARIS
F. SAVY, LIBRAIRE
BOULEVARD ST-GERMAIN, 77

1884

# DESCRIPTION SOMMAIRE

DE LA

# FAUNE MALACOLOGIQUE

*Des formations saumâtres et d'eau douce*

## DU GROUPE D'AIX

(Bartonien-Aquitanien)

DANS LE BAS-LANGUEDOC, LA PROVENCE & LE DAUPHINÉ

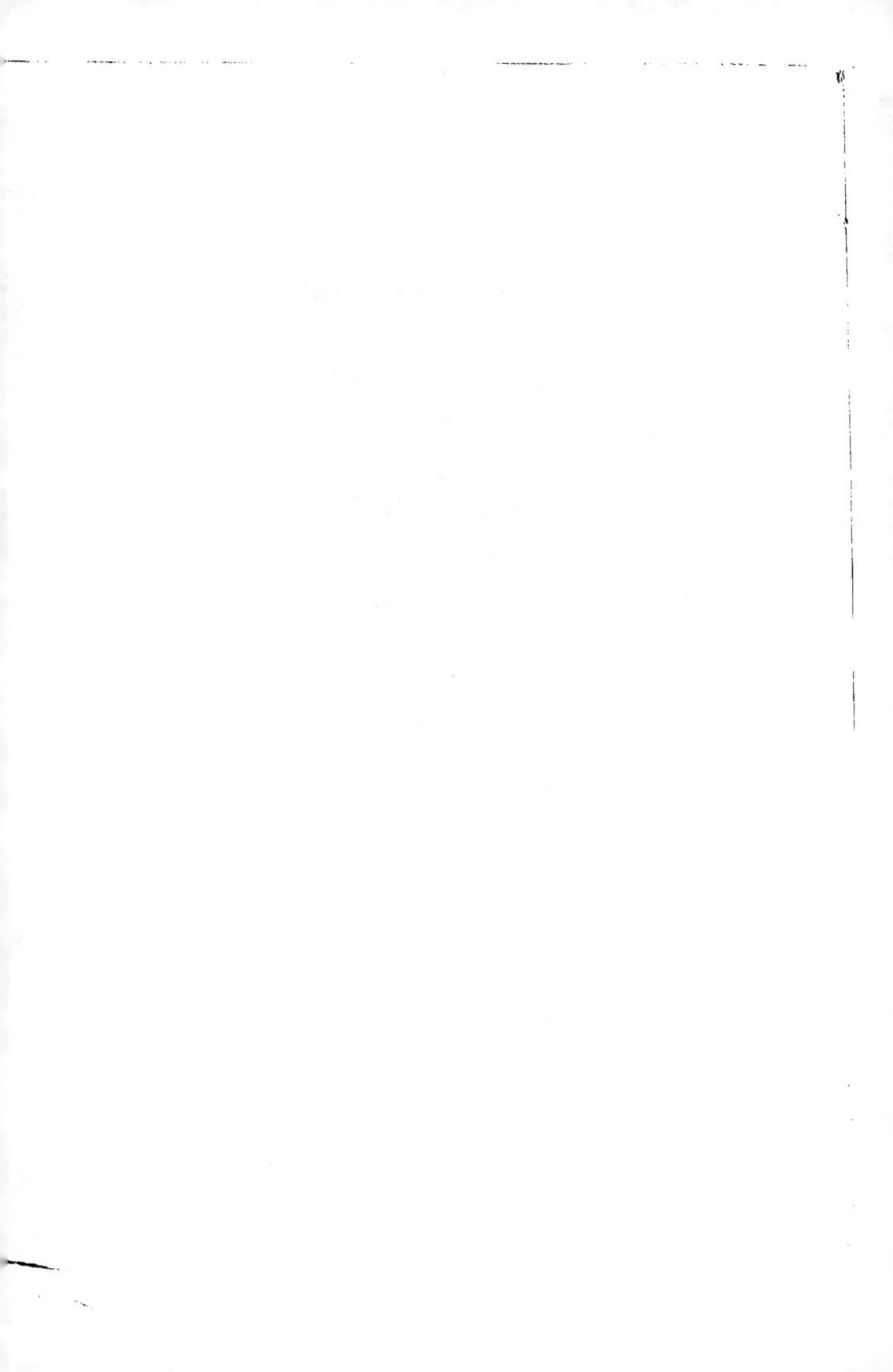

# DESCRIPTION SOMMAIRE

DE LA

# FAUNE MALACOLOGIQUE



DES FORMATIONS SAUMATRES & D'EAU DOUCE

DU

# GROUPE D'AIX

(*Bartonien-Aquitanien*)

DANS LE BAS-LANGUEDOC, LA PROVENCE & LE DAUPHINÉ

PAR

F. FONTANNES



LYON
H. GEORG, LIBRAIRE
RUE DE LA RÉPUBLIQUE, 65

PARIS
F. SAVY, LIBRAIRE
BOULEVARD ST-GERMAIN, 77

1884

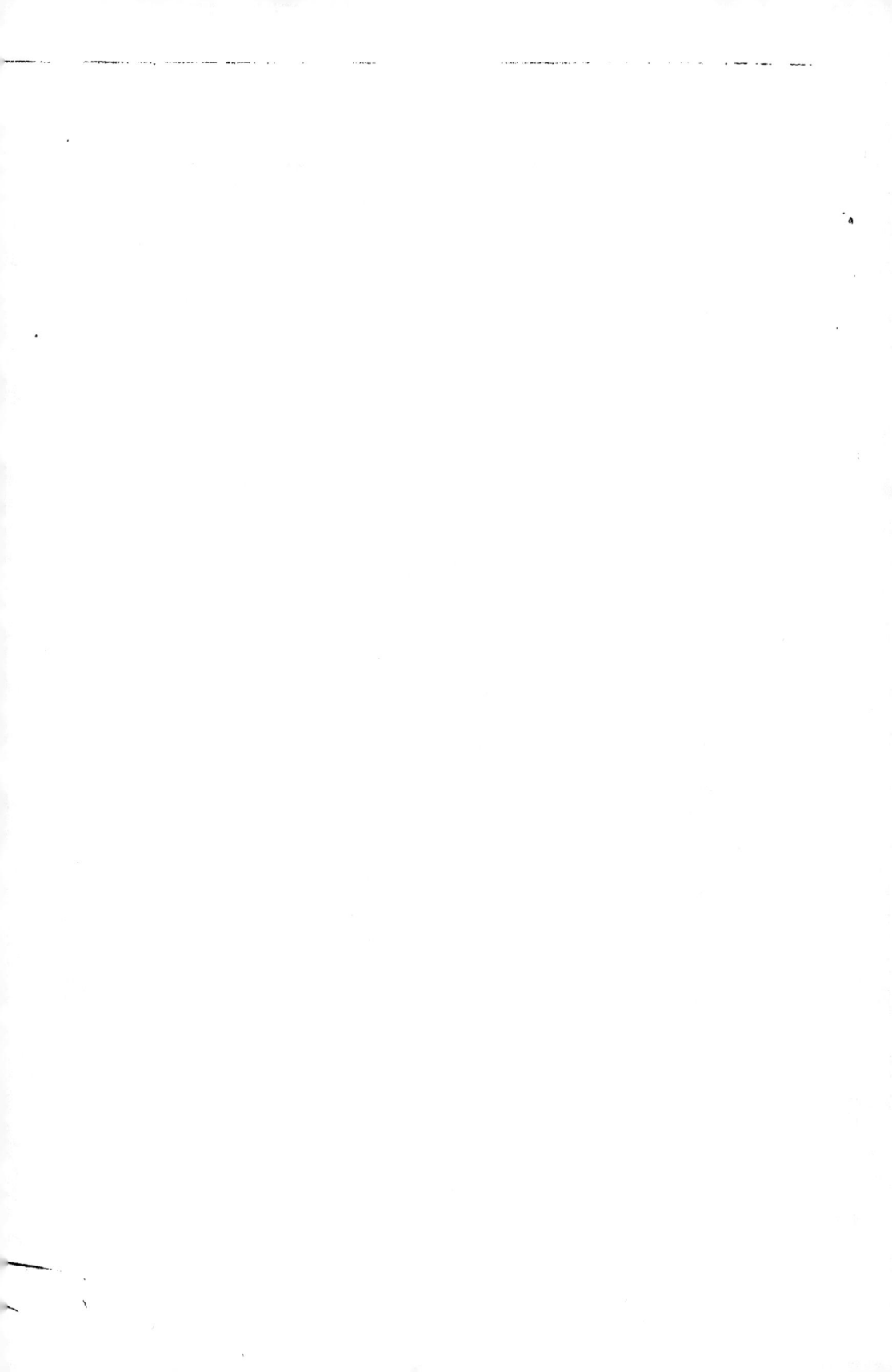

# INTRODUCTION

J'ai réuni sous la dénomination de *Groupe d'Aix* (1) toutes les formations saumâtres et d'eau douce comprises, dans le Sud-Est de la France, entre les calcaires à *Planorbis pseudammonius* de Cuques près d'Aix à la base, et la mollasse marine au sommet.

Le Groupe d'Aix comprend donc tous les termes correspondant, dans le bassin de Paris, aux Sables de Beauchamps et au Calcaire de Saint-Ouen (*Bartonien*), au Gypse de Montmartre (*Ligurien*), au Calcaire de Brie, aux Sables de Fontainebleau et d'Étampes (*Tongrien sec.* Mayer), au Calcaire de Beauce (*Aquitanien*). Toutes les assises qui le constituent sont normalement concordantes, celles des étages supérieurs s'étendant parfois transgressivement sur les terrains qui encaissent les premières.

Cet ensemble n'a été détaillé sur aucune carte géologique et se trouve même, sur celle du Gard (2), renforcé par le Ga-

(1) V. Étude VI, *Le bassin de Crest*, 1880, p. 81 à 86.

(2) Le classement tout local proposé par E. Dumas dans le texte de la *Statistique géologique du Gard*, mais non mis en pratique sur sa carte, ne pouvait même être utilisé, les trois étages que cet auteur distingue, ayant été basés sur des caractères exclusivement minéralogiques, et ne correspondant à aucune

rumnien; dans les monographies les plus récentes, les auteurs se sont bornés à distinguer le conglomérat qui en forme généralement la base (*Sextien caillouteux in* de Rouville).

Le Service de la *Carte géologique détaillée de la France* ne pouvant, en l'état actuel des connaissances sur les autres bassins tertiaires, admettre un tel complexe, il devenait absolument nécessaire de procéder à de nouvelles et minutieuses recherches, qui permissent d'établir des subdivisions applicables à tout le Sud-Est et en harmonie avec la légende générale de la carte.

On comprend qu'en présence de la continuité d'une sédimentation fluvio-lacustre qu'aucun retour de la mer n'est venu interrompre, les documents paléontologiques pouvaient seuls permettre de distinguer ces termes de quelque valeur. Or, dans le Sud-Est, — et c'est sans doute ce qui a si longtemps retardé cette étude, — les fossiles en bon état de conservation sont excessivement rares et, de plus, cantonnés dans un petit nombre de gisements très éloignés les uns des autres, présentant le plus souvent des faciès fauniques assez différents pour faire naître des doutes sur leur âge respectif. Sur de vastes espaces, on ne trouve que des moules déformés ou des empreintes, qui ne paraissaient dignes d'aucune attention. Le présent travail prouvera cependant, je l'espère, qu'avec beaucoup de temps et de patience, il m'a été possible de tirer de leur étude comparative des conclusions stratigraphiques suffisamment motivées.

des divisions admises. C'est ainsi que l'*Uzégien* comprend, avec l'éocène moyen *(p. p.)*, le Garumnien et même des terrains encore plus anciens que M. Carez a restitués au Crétacé; le *Sextien* dans lequel l'auteur cite, associés aux mammifères les plus caractéristiques de l'étage du Gypse, l'*Helix Ramondi* ?, le *Potamides Lamarcki*, le *Melania Lauræ*, correspond au moins à l'éocène supérieur et à la base du miocène inférieur. Enfin E. Dumas a considéré l'*Alaisien* comme une formation hors série, spéciale au bassin d'Alais, ce qui laissait à ses successeurs une latitude d'autant plus embarrassante que les fossiles déterminables y sont d'une extrême rareté.

*
* *

Ainsi que je viens de le dire, la faune malacologique du groupe d'Aix dans le Bas-Languedoc, la Provence et le Dauphiné n'a jamais été étudiée d'une manière approfondie. Quelques rares espèces ont seules été décrites et figurées.

BOUCHES DU-RHÔNE, VAUCLUSE. — En 1842, M. Matheron décrit sommairement et fait figurer 10 espèces de l'*Étage du Gypse* (1) :

*Cerithium Lauræ* (Potamides), *C. provinciale* (Pot. palinurus, d'Orb.), *C. concisum* (Pot. plicatus, var.), *Melania Lauræ* (Melanoides), *Neritina Aquensis*, *Cyclostoma crassilabra* (Nystia Duchasteli, var.), *Anodonte Aquensis* (Cyrena), *Cyclas Coquandiana* (Cyrena), *C. Gargasensis* (Cyrena), *C. Aquensis* (Sphærium gibbosum).

Il cite, en outre, *Cerithium margaritaceum*, *Paludina pygmæa*, *Limnæa cornea ?*, *Planorbis nitidus ?*, *Cyclas majuscula*.

A ces dernières, le même auteur ajoute, en 1862, huit espèces connues (2) :

*Paludestrina Dubuissoni*, *Limnæa fabula*, *L. symetrica*, *L. acuminata*, *L. longiscata*, *L. ore longo*, *Planorbis rotundatus*, *Cyrena semistriata*.

Ce qui donnait en tout, pour la Provence, 10 espèces figurées et 13 citations plus ou moins certaines.

GARD. — M. de Serres décrit en 1818 trois espèces des environs de Sommières : *Limnæus æqualis*, *L. pygmæus*,

(1) 1842. *Catalogue des corps organisés fossiles des Bouches-du-Rhône.*

(2) 1862. *Recherches comparatives sur les dépôts fluvio-lacustres des env. de Montpellier, de l'Aude et de la Provence.*

*Paludina affinis* (1), que Brongniart cite plus tard dans ses marnes *lymniques* du *Groupe palæothérien*.

En 1875, M. Sandberger fait figurer le *Melanopsis Mansiana* d'après un exemplaire provenant des environs d'Alais (2).

Enfin, dans sa *Statistique géologique du Gard*, œuvre très consciencieuse, au mérite de laquelle j'ai souvent rendu hommage, mais où le Groupe d'Aix n'est pas traité avec le même succès que les autres terrains, E. Dumas fait figurer une espèce, le *Cyrena Dumasi* et en cite dix autres, y compris celles déjà décrites par M. de Serres :

*Potamides Lamarcki*, *Melania Laura*, *Paludina affinis*, *Helix Ramondi* ?, *Limnæa longiscata*, *L. æqualis*, *L. pygmæa*, *Planorbis rotundatus*, *Cyrena Dumasi*, *Cyclas Gargasensis*, *C. Aquensis*.

Toutes ces espèces sont indiquées comme ayant été rencontrées dans le Sextien (*s. s.*), que l'auteur classe dans l'éocène. Le seul examen de cette liste montrait clairement qu'Emilien Dumas a groupé dans cet étage des assises d'âge très différent, ou que certaines de ses déterminations sont inexactes. L'étude du bassin d'Alais m'a prouvé que ces deux hypothèses sont également justifiées.

On ne connaissait donc jusqu'ici du bassin d'Alais, sous des dénominations le plus souvent inexactes, que onze espèces, dont deux seulement ont été figurées.

Basses-Alpes, Drôme, Ardèche. — Aucune espèce n'avait été citée de ces régions, lorsqu'en 1880 je fis connaître la faune du miocène inférieur dans le bassin de Crest (Drôme), où je signalai la présence des couches à *Cyrena semistriata*, inconnue alors dans le Dauphiné.

(1) 1848. *Journal de Physique, de Chimie, d'Histoire naturelle*, t. LXXXVII, p. 161.

(2) 1870-75. *Die Land-u. Süssw. Conch. der Vorwelt*, p. 284, pl. XVI, fig. 1 et pl. XVIII, fig. 2.

*
* *

En résumé, lorsque j'entrepris mes recherches sur les terrains tertiaires du Sud-Est de la France, la faune malacologique du Groupe d'Aix dans le Bas-Languedoc, la Provence et le Dauphiné, ne comptait que 12 espèces décrites et figurées, trois espèces décrites et quinze citations, la plupart erronées.

Le présent travail, pour lequel je n'ai utilisé que les matériaux recueillis par moi-même dans un grand nombre de gisements dont beaucoup sont nouveaux, contient la description et les figures de 83 espèces, parmi lesquelles se trouvent plusieurs types d'un grand intérêt au point de vue purement paléontologique (1). Tels sont les *Melanoides Occitanicus* et *M. eucircodes,* le *Vivipara megaloglypta,* ces trois belles espèces qui rappellent les formes les plus remarquables de la faune indo-australienne, — les petites Mélanies (*Striatella,* etc.), si insaisissables dans leur infini polymorphisme, qui pullulent dans le lac éocène d'Alais, habitent encore, mais en moindre abondance, les eaux douces du continent miocène, et s'éteignent enfin dans les couches à Congéries avec le *Melania Tournouëri,* — les Potamides, témoins de la proximité d'une mer dont l'extension et la faune dans le Sud-Est nous sont inconnues, — les Cyrènes, si monotones dans leur livrée mais si capricieuses dans leur profil, qui, à divers niveaux, couvrent la roche

(1) Je crois utile de rappeler ici que, par *variété,* j'entends non une forme aberrante, sans signification stratigraphique ou géographique, mais bien une *race* ou une *mutation,* c'est-à-dire un groupe spécial soit à une contrée, soit à une période géologique. Les variétés que j'ai décrites comprennent le plus souvent un grand nombre de *formes,* dont quelques-unes, assez éloignées de la moyenne typique et par suite intéressantes comme termes transitoires, seront ultérieurement décrites. Certaines d'entre elles sont déjà figurées dans la présente notice (Cf. *Potamides submargaritaceus* var., *Striatella muricata* var., *Nystia Duchasteli* var., *Hydrobia Dubuissoni* var., *Limnæa longiscata* var., etc.

de leurs empreintes, — et enfin ces Gastéropodes si démesurément effilés que j'ai provisoirement rapprochés des *Melania* (*s. l.*), mais qui représentent très probablement un genre ou un sous-genre nouveau (*M. (?) sphecodes* et *apirospira.*)

La description des espèces est accompagnée d'un tableau qui en indique la répartition stratigraphique et géographique, et dans lequel j'ai essayé de classer méthodiquement toutes les assises qu'il importe de distinguer dans la longue série des dépôts du groupe d'Aix. Toutes les observations stratigraphiques sur lesquelles cette classification est basée, seront exposées, avec coupes à l'appui, dans un mémoire qui paraîtra très prochainement, et dans lequel toutes les espèces seront figurées à nouveau, discutées et classées.

# DESCRIPTION SOMMAIRE
DE LA
# FAUNE MALACOLOGIQUE
*Des formations saumâtres et d'eau douce*
# DU GROUPE D'AIX
(Bartonien-Aquitanien)

DANS LE BAS-LANGUEDOC, LA PROVENCE & LE DAUPHINÉ

---

## 1. — POTAMIDES, Brongniart.

### 1. POTAMIDES BERNASENSIS, N. SP.

Pl. I, fig. 1-6.

Coquille allongée, turriculée, multispirée ; spire régulière, aiguë. — Tours au nombre de 17, s'accroissant lentement, graduellement, médiocrement convexes (le plus grand diamètre se trouvant vers le tiers antérieur sur les tours médians), un peu excavés près de la suture antérieure, séparés par des sutures peu profondes, marqués de costules concentriques et de plis longitudinaux ; le dernier plus convexe, excavé en arrière, presque égal au quart de la hauteur totale. — Les costules concentriques sont au nombre de 5-7, étroites, séparées par des interstices subégaux à elles-mêmes, l'antérieure peu saillante, située au milieu d'une légère excavation, les suivantes subégales, presque équidistantes ; elles sont simples, sauf la dernière qui est finement granuleuse. Les plis longitudinaux sont variciformes, arqués, serrés ; bien marqués sur toute la hauteur des tours dans la première moitié de la spire, ils s'atténuent graduellement au-delà et ne se manifestent plus guère, sur les derniers tours, que par les granulations qu'ils déterminent sur la région postérieure.

Longueur, 23 ; largeur, 7 1/2 millim.

GISEMENTS. — *Ligurien inférieur* (1) : Bernas, Laval-Saint-Roman (Gard).

## 2. POTAMIDES POLYCOSMEMA, N. SP.

Pl. I, fig. 7-9.

Coquille allongée, turriculée ; spire régulière, aiguë, aplatie à la base. — Tours au nombre de 14-15, séparés par des sutures profondes, assez étroites, presque horizontales, bordées en avant par un mince filet, s'accroissant lentement, plus larges que longs, subaplatis à la circonférence, déclives à leurs extrémités, marqués de costules concentriques et de plis longitudinaux. — Costules principales au nombre de 1 sur les premiers tours, de 2 sur les tours médians, de 3, équidistantes, sur les derniers et de moins en moins saillantes; plis longitudinaux égaux, assez espacés, équidistants, peu saillants, au nombre de 10-12 environ sur l'avant-dernier tour, formant sur la costule postérieure une rangée de turbercules peu épais, parfois subspiniformes. La partie antérieure du dernier tour, aplatie, costulée, est bordée près du pourtour par un cordon relativement épais.

Longueur, 25; largeur, 10 millim.

GISEMENTS. — *Ligurien moyen* : Laval-Saint-Roman, Massargues, Orgnac (Gard).

## 3. POTAMIDES APOROSCHEMA, N. SP.

Pl. I, fig. 10-11.

Coquille allongée, turriculée ; spire aiguë, aplatie à la base. — Tours

(1) Je désigne sous le nom de *Ligurien supérieur* l'assise IV du tableau ci-joint, sous ceux de *Ligurien moyen* et *Ligurien inférieur* les assises III et II, et rappelle les réserves que j'ai exprimées relativement au classement de cette dernière qui pourrait bien appartenir, au moins en partie, au Bartonien.

Sous les dénominations de *Tongrien inférieur* et *Tongrien supérieur*, je comprends les dépôts inférieurs et les dépôts supérieurs à l'assise *marno-sableuse* dite *sans fossiles* qui, dans le bassin d'Aix, repose sur le gypse et les couches à *Cyrena semistriata* et supporte les calcaires marneux à Potamides et Hydrobies.

convexes, séparés par des sutures profondes, subhorizontales, s'accroissant lentement, beaucoup plus larges que longs, marqués de costules concentriques et de plis longitudinaux. — Costules très fines au nombre de 3-4 au plus, l'antérieure située près de la suture, saillante, les autres plus ou moins obsolètes, manquant même très souvent; plis d'accroissement nombreux, serrés, élevés, concaves en avant, plus accentués en arrière; un certain nombre (12-16 environ) subéquidistants, subégaux, se renflent légèrement près de la suture postérieure où ils forment une costulation assez régulière; cette alternance cesse sur les derniers tours, où l'on ne voit plus que des stries d'accroissement profondes, inégales. La partie antérieure du dernier tour porte un peu en avant de la costule antérieure et séparé de celle-ci par un sillon, un cordon assez élevé, en dedans duquel la coquille est marquée de quelques stries concentriques peu accusées.

Longueur, 15; largeur, 5 1/2 millim.

GISEMENT. — *Ligurien* : Euzet (Gard).

### 4. POTAMIDES LAURÆ, MATHERON.

Pl. I, fig. 12-15.

1842. *Cerithium Lauræ*..... MATHERON, Catalogue des corps org. foss. des Bouches-du-Rhône, p. 246; pl. XL, fig. 9-10 (1).

GISEMENTS. — *Tongrien* : Aix (Bouches-du-Rhône), Loumarin, l'Isle-sur-Sorgues (Vaucluse), Manosque (Basses-Alpes).

### 5. POTAMIDES SUBMARGARITACEUS, BRAUN.

VAR. RHODANICA, N. V.

Pl. I, fig. 16-20.

Coquille turriculée, allongée; spire pointue au sommet, aplatie à la base. — Tours au nombre de 15-16, plans ou faiblement convexes,

(1) Je me bornerai, dans ce travail préliminaire, à citer les figures et descriptions qui correspondent le plus exactement aux formes du Sud-Est de la France.

un peu déprimés vers le tiers postérieur, excavés ou déclives le long de la suture antérieure, s'accroissant lentement, graduellement, près de deux fois plus larges que hauts, marqués de costules spirales et de plis longitudinaux, séparés par des sutures assez larges, profondes; le dernier égal au cinquième de la hauteur totale, aplati en avant, arrondi sur le pourtour de la région anterieure. — Les costules spirales sont généralement au nombre de cinq sur les tours recouverts; la première en avant très fine, simple, peu saillante, borde la suture; les deux suivantes subégales, assez rapprochées et séparées de la quatrième par un espace plus large que celui qu'elles entourent, et au milieu duquel s'élève un mince filet; la dernière plus épaisse que toutes les autres sur les deux tiers antérieurs de la spire, borde la suture postérieure; ces trois dernières costules sont noduleuses. Les plis longitudinaux sont égaux, équidistants, très arqués, le sommet de l'angle qu'ils forment portant sur la troisième côte; les interstices qui les séparent sont marqués de stries d'accroissement nombreuses et irrégulières; à leur passage sur les carènes spirales, ils forment des nodosités arrondies ou légèrement transverses, celles de la rangée postérieure étant notablement plus fortes, plus allongées transversalement et moins nombreuses d'un tiers environ. — Ouverture déprimée, oblique ; bord droit épaissi ; columelle très courte, renversée en arrière à son extrémité; callosité large, épaisse; canal court, assez large.

Longueur, 36; largeur, 11 millim.

Gisements. — *Tongrien* : Aix, Éguilles, Le Puy-Sainte-Réparade (Bouches-du-Rhône), La Bastide-des-Jourdans, Bonnieux, Gargas (Vaucluse), Manosque (Basses-Alpes) (1).

### 6. POTAMIDES LAMARCKI, Brongniart.

1862. *Cerithium Lamarcki*..... F. Sandberger, Die Conch. des Mainzer-Beckens, p. 100, pl. VIII, fig, 50. o, p, q.

Var. Druentica, n. v.

Pl. I, fig. 33.

Coquille turriculée, étroite, allongée; spire régulière, à sommet

(1) Les figures 16-19 représentent les exemplaires que j'ai recueillis dans les marnes grises à Cypris qui, à Aix (montée d'Avignon), supportent le gypse.

aigu, à base aplatie. — Tours au nombre de 15-18, plans ou à peine convexes, très bas, s'accroissant très lentement, séparés par des sutures assez étroites, profondes, marqués de costules concentriques et de plis longitudinaux; le dernier aplati en avant, arrondi au pourtour de la région antérieure qui fait avec le plan de la spire un angle presque droit, égal au cinquième de la longueur totale. — Les costules ou carènes spirales sont au nombre de 3, saillantes, arrondies, le plus souvent égales et équidistantes sur les derniers tours; sur les autres et parfois sur tous, la costule médiane est un peu plus faible et souvent un peu plus voisine de l'antérieure que de la postérieure; en outre, la suture antérieure est bordée par un mince filet presque contigu à la première côte. Les plis longitudinaux étroits, médiocrement arqués, sont au nombre de 24 à 38 sur l'avant-dernier tour; ils forment à leur passage sur les carènes des granulations arrondies, très obsolètes sur le filet antérieur qui paraît seulement ondulé, égales sur la première et la troisième des carènes principales, généralement un peu plus fines sur la médiane, mais en nombre égal sur toutes les rangées. La partie antérieure du dernier tour porte, en outre, 3-4 costules concentriques plus ou moins finement granulées. — Le canal est court, renversé en arrière et marqué d'un pli très oblique.

Longueur, 28; largeur, 8 millim.

Gisements. — *Tongrien supérieur* : Éguilles, Saint-Canadet, Le Puy-Sainte-Réparade (Bouches-du-Rhône), Béauville (Drôme).

## 7. POTAMIDES GRANENSIS, Fontannes.

1880. *Potamides Granensis*..... F. Fontannes, Étude VI. Le bassin de Crest, p. 145, pl. I, fig. 1.

Gisement. — *Tongrien supérieur* : Roche-sur-Grane (Drôme).

### Var. Colloti, n. v.

Pl. I, fig. 30-32.

Coquille de taille plus forte; tours plus convexes, plus déprimés en arrière. Sculpture moins fine; carènes principales plus saillantes; costules concentriques interstitielles manquant souvent, surtout sur la première moitié de la spire ; plis longitudinaux plus saillants, moins nombreux ; rangée postérieure des deux derniers tours couverte de tubercules épais, proéminents, au nombre d'une dizaine.

Longueur, 35 ; largeur, 12 millim.

Gisements. — *Tongrien supérieur :* Aix (Céloni), Le Puy-Sainte-Réparade (Bouches-du-Rhône), Bonnieux (Vaucluse).

## 8. POTAMIDES MARGARITACEUS, Brocchi.

Var. moniliformis, Grateloup *in* Sandb.

Pl. II, fig. 1-3.

1862. *Cerithium margaritaceum,* Br., var. *moniliforme,* Grat.....F. Sandberger. Die Conch. des Mainzer-Beckens, p. 106, pl. VIII, fig. 3.

Gisements. — *Tongrien supérieur :* Aix, Éguilles (Bouches-du-Rhône) ; Apt (Vaucluse) ; Villemus (Basses-Alpes).

## 9. POTAMIDES MICROSTOMA, Deshayes.

Var. subalpina, n. v.

Pl. II, fig. 4-7.

Coquille allongée, étroite, turriculée, assez mince ; spire régulière, déprimée à la base. — Tours au nombre de 12-14, convexes, déclives ou légèrement concaves en arrière, deux fois plus longs que larges, séparés par des sutures très distinctes, s'accroissant graduellement, marqués de costules concentriques et de plis longitudinaux, le dernier égal au sixième de la hauteur totale, parfois un peu renflé, aplati sur la région antérieure qui fait avec la paroi latérale un angle presque droit, arrondi. — Carènes principales au nombre de 2, situées vers le milieu de la circonférence, arrondies ou aplaties, séparées par un étroit sillon, la postérieure un peu plus forte ; en avant de ce groupe, une ou deux costules fines, souvent obsolètes, dont l'antérieure borde la suture ; en arrière, entre la deuxième carène et la suture postérieure, un cordon peu apparent. Les plis longitudinaux médiocrement arqués, très étroits, plus ou moins serrés, égaux, équidistants sur la plus grande partie de la coquille, s'épaississent et deviennent irréguliers sur les derniers tours, formant de légères nodosités à leur passage sur les saillies concentriques, et bordant la suture postérieure d'une rangée de petits tubercules presque contigus. Stries d'accroissement très fines sur toute la coquille, s'accentuant sur le dernier tour et particulièrement sur la région antérieure où elles ondulent les costules concentriques. — Ouverture petite, obronde ; bord droit simple, assez aigu, peu sinueux ; columelle courte, tordue, marquée d'un pli oblique, renversée en arrière ; callosité mince, assez étalée.

Longueur, 15-16 ; largeur, 5 millim.

GISEMENTS. — *Aquitanien :* Aix (Bouches-du-Rhône) ; La Bastide-des-Jourdans (Vaucluse) ; Manosque, Villemus (Basses-Alpes) ; Salles (Drôme) ; Saint-Marcel-d'Ardèche (Ardèche).

## 10. POTAMIDES PLICATUS, BRUGUIÈRE.

VAR. GALEOTTII, Nyst.

Pl. II, fig. 8-12.

1862. *Cerithium plicatum*, Brug., var. *Galeottii*, Nyst..... F. SANDBERGER, Die Conch. des Mainzer-Beckens, p. 99, pl. IX, fig. 3.

GISEMENTS. — *Tongrien supérieur :* Aix, Éguilles (Bouches-du-Rhône) ; Manosque (Basses-Alpes) ; Vaucluse (Vaucluse).

## 11. POTAMIDES JACQUOTI, N. SP.

Pl. I, fig. 34-35.

Coquille d'assez grande taille, allongée, turriculée. — Tours nombreux, étroits, s'accroissant lentement, les premiers convexes, les derniers divisés en deux parties inégales par un angle assez vif, plans ou légèrement convexes en avant, déclives et excavés en arrière, séparés par des sutures profondes, marqués de costules concentriques et longitudinales. — Les costules concentriques sont au nombre de cinq, subégales, équidistantes ; la première borde la suture antérieure ; les trois suivantes, un peu plus fortes, occupent le milieu de la circonférence, la troisième passant sur l'angle des tours; la cinquième, plus épaisse que la première, mais moins forte que les trois médianes, court le long de la suture postérieure. Elles sont croisées par des costules longitudinales rectilignes, étroites, saillantes, de plus en plus espacées à mesure que le diamètre augmente et déterminant la formation de petits caissons rectangulaires, excavés, de plus en plus transverses. Aux points d'intersection de ces deux ordres de costules, s'élèvent de petites nodosités arrondies; la plupart des tours portent, en outre, une varice relativement épaisse et élevée.

Longueur du plus grand fragment étudié, 19; largeur, 8 millim.

GISEMENT. — *Tongrien supérieur :* Pertuis (Vaucluse).

## II. — STRIATELLA, Brot.

### 1. STRIATELLA BARJACENSIS, N. SP.

Pl. II, fig. 13-25.

Coquille ovale-oblongue, turriculée; spire pointue, souvent entière, parfois légèrement convexe. — Tours au nombre de 8-9, séparés par des sutures de plus en plus profondes; les premiers arrondis, lisses, les suivants disposés en gradins, faiblement convexes sur la partie médiane, déclives en avant et en arrière dans le voisinage de la suture, le dernier convexe et un peu prolongé en avant, égal au quart de la hauteur totale. — Surface couverte de cordons concentriques croisés par des plis longitudinaux. Les plis longitudinaux au nombre de 22-25 sur l'avant-dernier tour, arqués, un peu sinueux vers le haut, renflés d'avant en arrière jusqu'au cordon postérieur au-delà duquel ils s'atténuent de nouveau. Les cordons concentriques au nombre de 4 sur les tours recouverts, le premier et le troisième à partir de la suture antérieure plus fins que les deux autres; le cordon antérieur presque lisse, les autres granuleux au passage des plis longitudinaux qui forment sur le cordon postérieur une rangée très serrée de petits tubercules obliques, allongés, subtriangulaires, presque contigus. La partie antérieure du dernier tour porte, en outre, des cordons concentriques arrondis, de plus en plus étroits. — Ouverture ovale-allongée, peu oblique, anguleuse en arrière, atténuée en avant; labre peu arqué, sinueux en arrière; columelle faiblement concave, un peu rejetée en arrière et creusée à sa jonction avec le bord droit d'une gouttière à peine sensible, couverte d'une callosité médiocrement épaisse, à peine renversée.

Longueur, 10 1/2; largeur 4 millim.

Gisements. — *Ligurien supérieur :* Barjac, Roméjac, Saint-Jean-de Maruéjols, Célas, Issirac, Saint-Privat-de-Champclos, Privat près de Cornillon (Gard).

## 2. STRIATELLA ISSIRACENSIS, n. sp.

Pl. II, fig. 26-28.

Coquille allongée, turriculée, de petite taille; spire aiguë, acuminée au sommet. — Tours au nombre de 7-8, séparés par des sutures profondes, canaliculées, convexes ou subaplatis à la circonférence, déclives à leurs extrémités, marqués de costules concentriques et de plis longitudinaux. — Costules étroites, saillantes, au nombre de 3, variant dans leurs rapports et leurs distances; une costule accessoire d'une extrême finesse s'observe parfois entre la première et la deuxième, sans, d'ailleurs, que celles-ci s'écartent davantage; les plis très fins, atténués d'arrière en avant, égaux, équidistants, ne se révèlent souvent que par les granulations dont ils ornent les carènes ou costules concentriques; ces granulations parfois égales sur les trois carènes, nulles le plus souvent sur l'antérieure, sont généralement plus fortes sur la carène médiane. La partie antérieure du dernier tour porte quelques stries croisées par les plis d'accroissement.

Longueur, 8; largeur, 2 1/2 millim.

Gisements. — *Ligurien moyen :* Issirac, Privat, près de Cornillon (Gard).

### 3. STRIATELLA MURICATA, Wood.

#### Var. Orgnacensis, n. v.

Pl. II, fig. 29-32.

Coquille ovale-oblongue, turriculée ; spire entière, régulière, aiguë au sommet. — Tours au nombre de 7-8, séparés par des sutures profondes, divisés par deux carènes en trois parties inégales, la médiane large et plane, les parties antérieure et postérieure courtes et déclives, cette dernière un peu plus longue, disposés en gradins ; le dernier tour arrondi et faiblement prolongé en avant. — Surface couverte de côtes longitudinales et concentriques qui forment un élégant réseau à mailles subcarrées. Les côtes longitudinales au nombre de 10-11, étroites, séparées par des intervalles beaucoup plus larges qu'elles-mêmes, verticales sur la partie plane des tours, inclinées sur les régions déclives ; les côtes ou carènes concentriques, au nombre de deux, presque égales aux côtes longitudinales, l'antérieure généralement un peu plus fine ; aux points d'intersection s'élèvent des nodules spiniformes et même parfois, sur le dernier tour, de véritables petites épines tres aiguës ; les intervalles paraissent excavés. En avant de la carène antérieure, sur le dernier tour, s'élèvent 3-4 cordons concentriques, le postérieur toujours assez saillant, les autres plus serrés, plus arrondis. — Ouverture ovalaire, anguleuse en arrière, à peine sinueuse en avant ; columelle faiblement arquée, couverte d'une callosité peu développée, légèrement renversée sur la fente ombilicale.

Longueur, 7 1/2 ; largeur, 2 1/2 millim.

Gisements. — *Ligurien moyen :* Barjac, Massargues, Orgnac (Gard).

#### S.-Var. echinocarena, n. v.

Pl. II, fig. 33-35.

Tours au nombre de 7-9, anguleux, divisés en deux parties subégales par une carène proéminente, assez aiguë, subdenticulée, un peu antérieure ; sutures assez profondes, bordées en arrière par un étroit cordon. — Des plis longitudinaux très obsolètes découpent légèrement la carène, en arrière de laquelle on observe sur les derniers tours une rangée de tubercules arrondis, peu saillants ; la région des tours comprise entre la carène et le cordon sutural, paraît lisse ou ne montre que de fines stries d'accroissement. La partie antérieure des tours est couverte de cordons concentriques.

Longueur, 7 ; largeur, 2 millim.

GISEMENT. — *Ligurien moyen :* Laval-Saint-Roman (Gard).

## 4. STRIATELLA OSTROGALLICA, N. SP.

Pl. II, fig. 36.

Coquille allongée, turriculée ; spire longue, acuminée au sommet. — Tours au nombre de 11-12, légèrement convexes, séparés par des sutures peu profondes ; les premiers lisses, les suivants marqués de costules longitudinales au nombre de 15-18 sur l'avant-dernier tour, serrées, subrectilignes ou faiblement arquées, renflées en arrière en un tubercule obsolète sur les 2-3 derniers tours ; le dernier, égal au quart de la hauteur totale, porte, en avant des costules longitudinales, des cordons concentriques étroits et serrés, — Ouverture ovale-obronde, peu anguleuse en arrière, médiocrement atténuée en avant où elle semble creusée d'une gouttière large, mais peu profonde ; bord droit convexe, légèrement dilaté en aileron : columelle tordue au sommet, peu excavée ; callosité mince, à peine renversée.

Longueur, 16 ; largeur, 4 millim.

GISEMENTS. — *Ligurien moyen :* Saint-Jean-de-Maruéjols, Barjac, Allègre, Soumanas, Massargues, Orgnac, Laval-Saint-Roman (Gard).

## 5. STRIATELLA PYCNOPTYCHA, N. SP.

Pl. II, fig. 40.

Coquille allongée, turriculée ; spire aiguë, acuminée au sommet, subarrondie à la base. — Tours au nombre de 8, séparés par des sutures étroites, assez profondes, très convexes, arrondis, les derniers subconiques, le dernier un peu renflé, arrondi sur le pourtour, assez prolongé en avant, égal au tiers de la longueur totale. — Surface couverte de plis longitudinaux fins, serrés, égaux et équidistants, sauf dans le voisinage de l'ouverture où ils deviennent un peu irréguliers, au nombre de 22-25 sur l'avant-dernier tour; quelques exemplaires portent des traces de stries concentriques dans les intervalles des plis. — Ouverture assez allongée ; labre peu sinueux.

Longueur, 9; largeur, 3 millim.

GISEMENTS. — *Ligurien inférieur et moyen :* Massargues, Orgnac, Issirac (Gard).

### 6. STRIATELLA VARDINICA, N. SP.

Pl. II, fig. 41-43.

Coquille turriculée, médiocrement allongée; spire courte, obtuse, subtronquée. — Tours au nombre de 6-7, à peine convexes, disposés en gradins, plus larges que longs, s'accroissant rapidement en largeur, le dernier arrondi en avant, égal au tiers environ de la hauteur totale; sutures assez profondes, à peine obliques. — Surface marquée de plis longitudinaux, larges, arrondis, subrectilignes, séparés par des interstices presque égaux à eux-mêmes, s'atténuant rapidement d'arrière en avant et s'effaçant souvent avant d'atteindre la partie antérieure, très obsolètes sur le dernier tour ; plis d'accroissement très accentués dans le voisinage du bord droit, en arrière duquel s'élève parfois une sorte de varice. — Ouverture ovale-oblique, renversée en avant où elle est creusée d'une gouttière ; labre sinueux, la concavité postérieure qui est bien accusée, détachant en aileron la convexité antérieure ; columelle peu excavée ; callosité à peine renversée.

Longueur, 9 ; largeur, 3 millim.

GISEMENTS. — *Ligurien moyen :* Barjac, Massargues, Laval-Saint-Roman, Célas (Gard).

### 7. STRIATELLA SEPULCHRALIS, N. SP.

Coquille turriculée, peu allongée ; spire subconvexe, entière, subobtuse au sommet. — Tours au nombre de 8-9, séparés par des sutures bien marquées, mais peu profondes, notablement plus larges que longs, faiblement convexes, le dernier arrondi en avant, égal au quart de la hauteur totale. — Les premiers tours sont lisses, les suivants marqués de plis longitudinaux arrondis, séparés par des intervalles égaux à eux-mêmes, arqués ou rectilignes, très obliques sur l'axe de la coquille, devenant de plus en plus gros et saillants jusqu'au dernier tour sur lequel ils s'atténuent graduellement. Ces plis sont croisés par de fines stries concentriques, égales, équidistantes, au nombre de 4-5 sur l'avant-dernier tour. — Ouverture ovale, subanguleuse en arrière, arrondie en avant, oblique; bord droit mince; bord columellaire faiblement excavé ; callosité mince, à peine renversée.

Longueur, 9; largeur, 3 1/2 millim.

GISEMENT. — *Tongrien inférieur :* La Mort-d'Imbert, près de Manosque (B.-Alpes).

### 8. STRIATELLA NYSTI, DUCHASTEL.

Pl. II, fig. 44-50.

1875. *Melania Nysti*..... F. SANDBERGER, Die Land-u. Süssw. Conch. der Vorwelt, p. 313, pl. XX, fig. 8-9.

GISEMENTS. — *Tongrien supérieur :* Vacqueyras, Vaucluse, Bonnieux, Bouvène, Apt, Gargas (Vaucluse), La Mort-d'Imbert, près de Manosque (Basses-Alpes).

### VAR. VALCLUSIENSIS, N. SP.

Pl. II, fig. 51-58.

Coquille allongée turriculée ; spire régulière, aiguë ou subobtuse au sommet. — Tours au nombre de 7, séparés par des sutures étroites, bien marquées, — convexes ou subconiques, le dernier légèrement renflé, arrondi à la circonférence, égal au tiers de la hauteur totale. — Surface lisse ou ne montrant que de fines stries d'accroissement; sur quelques exemplaires, les derniers tours présentent des plis longitudinaux serrés, très obsolètes, rapidement atténués d'arrière en avant, croisés par 3-4 stries très fines, mais bien imprimées. — Ouverture petite, subarrondie; labre faiblement arqué, peu sinueux.

Longueur, 10 ; largeur, 3 1/2 millim.

GISEMENTS. — *Tongrien supérieur* : Vacqueyras, Vaucluse, Malaucène (Vaucluse).

### 10. STRIATELLA CRESTENSIS, FONTANNES.

1880. *Melania Crestensis*..... F. FONTANNES, Étude VI, le bassin de Crest, p. 146, pl. I, fig. 2-3.

GISEMENT. — *Tongrien supérieur* : Divajeu (Drôme).

### 11. STRIATELLA GUEYMARDI, FONTANNES.

1880. *Melania Gueymardi*..... F. FONTANNES, Étude VI, le bassin de Crest, p. 148, pl. I, fig. 4.

GISEMENT. — *Tongrien supérieur* : Divajeu (Drôme).

### 1. MELANIA (S. L.) ? DIESTOPLEURA, N. SP.

Pl. II, fig. 59-60.

Coquille conoïde, turriculée ; spire courte, subobtuse. — Tours au nombre de 6, séparés par des sutures linéaires, convexes, s'accroissant rapidement en largeur, en surplomb les uns sur les autres ; le dernier égal à la moitié de la longueur totale, aussi haut que large, arrondi au pourtour. Surface marquée de côtes longitudinales arrondies, assez épaisses, saillantes, largement espacées, presque rectilignes et verticales, au nombre de 6-7 sur l'avant-dernier tour. — Ouverture large ; columelle profondément excavée.

Longueur, 8 ; largeur, 4 1/2 millim.

GISEMEMTS. — *Ligurien moyen* : les environs de Barjac, Massargues (Gard).

## 2. MELANIA (s. l.) ? APIROSPIRA, n. sp. (1).

Pl. V, fig. 36-40.

Coquille turriculée, extrêmement effilée; spire très longue, régulière, acuminée à son extrémité, subarrondie à la base. — Tours au nombre de 20-25, séparés par des sutures linéaires très distinctes, mais peu profondes, s'accroissant très lentement, presque aussi hauts que larges, les premiers arrondis, les suivants aplatis à la circonférence ou légèrement subconiques, le dernier peu prolongé en avant, arrondi au pourtour, à peine égal au dixième de la longueur totale. La surface, qui paraît lisse sur la plupart des exemplaires ou ne montre que de très fines stries d'accroissement, présente, sur quelques-uns, des plis longitudinaux très obsolètes, visibles seulement à l'aide d'un fort grossissement.

Longueur, 21; largeur, 4 millim.

Gisements. — *Ligurien inférieur :* Laval-Saint-Roman, Orgnac, Massargues (Gard).

## 3. MELANIA (s. l.) ? SPHECODES, n. sp.

Pl. I, fig. 61-63 (? 64-65).

Coquille très effilée, turriculée; spire étroite, régulière, très acuminée au sommet, subarrondie à la base. — Tours au nombre de 14-16, séparés par des sutures étroites, profondes, convexes, s'accroissant très lentement, le dernier égal à peine au sixième de la longueur totale, arrondi au pourtour, peu prolongé en avant. Surface marquée de plis longitudinaux très fins, égaux, équidistants, presque rectilignes, s'atténuant rapidement d'arrière en avant, renflés à leur

(1) L'ouverture de cette intéressante espèce et de la suivante, qui paraît être du même groupe, m'étant inconnue, et les caractères qu'il m'a été donné d'étudier, présentant de grandes différences avec ceux des genres les plus voisins en apparence, je ne les place ici que d'une manière provisoire et sur des données absolument empiriques. Les calcaires dans lesquels j'ai rencontré ces deux espèces, représentées par un grand nombre d'exemplaires, ne renferment que des Cyrènes et des Striatelles. Je pense qu'il s'agit d'un genre ou sous-genre nouveau, que je me propose de dédier à M. l'Inspecteur général Jacquot, directeur du Service de la Carte géologique.

extrémité postérieure en un petit tubercule, au nombre de 12-16 sur l'avant-dernier tour; sur quelques exemplaires, ces plis semblent être croisés par quelques stries très fines, surtout sur les derniers tours. — Ouverture petite ; labre peu sinueux.

Longueur, 10 ; largeur, 2 millim.

GISEMENTS. — *Ligurien inférieur et moyen* : Orgnac, Issirac, Barjac (Gard).

## III. — MELANOIDES, Olivier.

### 1. MELANOIDES ALBIGENSIS, NOULET.

VAR. DUMASI, N. V.

Pl. I, fig. 66-70. Pl. III, fig. 1-3.

Coquille turriculée, allongée ; spire regulière, aiguë, le plus souvent tronquée. — Tours au nombre de 15-17 (les 3-4 premiers manquant habituellement), séparés par des sutures simples, peu profondes, subaplatis dans la première moitié de la spire, faiblement convexes et légèrement déprimés sur le quart postérieur dans la seconde moitié ; le dernier tour dépasse à peine le cinquième de la hauteur totale ; il est convexe et arrondi en avant. — La surface est marquée de côtes longitudinales égales, équidistantes, au nombre de 13-15 sur l'avant-dernier tour, légèrement arquées sur les premiers tours ornés, habituellement rectilignes et légèrement obliques sur les suivants, arrondies, séparées par des intervalles égaux à elles-mêmes, un peu renflées d'avant en arrière, bordant, d'une sorte de carène épineuse, la dépression postérieure dans laquelle elles s'atténuent sensiblement, souvent très obsolètes sur les deux derniers tours, toujours effacées sur le dernier où subsistent seulement, plus ou moins accusés, les nodules spiniformes de la carène. Ces côtes sont croisées sur la partie convexe des tours par des costules concentriques étroites, peu saillantes, séparées par des intervalles beaucoup plus larges qu'elles-mêmes, formant de petits tubercules à leur passage sur les côtes longitudinales, au nombre de 6-7 sur le dernier tour et de 4 seulement sur les tours recouverts. Sur quelques exemplaires, on observe, en outre, 2-3 stries dans la dépression suturale. Les plis lamelleux d'accroissement sont toujours très marqués, surtout près du labre. — Ouverture obronde; bord columellaire légèrement renversé et couvrant une fente ombilicale presque superficielle, dont le pourtour est légèrement froncé par les lamelles d'accroissement; labre mince, simple, peu sinueux en arrière, légèrement excavé vers l'extrémité antérieure; callosité columellaire peu épaissie vers l'angle postérieur.

Longueur, 48; largeur 14 millim.

Gisements. — *Ligurien supérieur :* Issirac, Barjac, Roméjac, Avéjan, Saint-Jean-de-Maruéjols, Servas, Célas, Méjannes (Gard).

## 2. MELANOIDES OCCITANICUS, n. sp.

Pl. III, fig. 1-9.

Coquille turriculée, allongée; spire régulière, acuminée, entière ou à peine tronquée. — Tours au nombre de 13-15, séparés par des sutures de plus en plus profondes, les premiers presque aplatis, les suivants de plus en plus convexes, légèrement excavés sur le tiers postérieur, le dernier égal au quart de la hauteur totale. — Surface marquée de côtes longitudinales, égales, équidistantes, au nombre de 11-12 sur l'avant-dernier tour, peu saillantes, minces, sublamelliformes, arquées ou plutôt obliques en avant sur les deux tiers antérieurs et en arrière sur le tiers postérieur, disparaissant dans le voisinage du labre. Deux ou trois d'entre elles, situées sur les deux derniers tours, sont renflées en forme de varices. Elles sont croisées par des côtes ou carènes transverses qui divisent en trois parties subégales la hauteur des tours recouverts, et portent des nodosités plus ou moins développées à leur intersection avec les côtes longitudinales; ces nodosités se transforment sur les deux derniers tours en épines longues et très aiguës sur la carène postérieure. En avant de la carène antérieure, le dernier tour est marqué de 4-5 costules concentriques, granuleuses, croisées par des plis longitudinaux très rapprochés. Stries d'accroissement partout très nettes. — Ouverture oblongue; labre sinueux; bord collumellaire concave, recouvert d'une callosité peu épaisse, renversée sur la fossette ombilicale.

Longueur, 70 ; largeur, 20 millim. (non compris les épines).

GISEMENTS. — *Ligurien supérieur* : Barjac, Laval-Saint-Roman (Gard).

### 3. MELANOIDES EUCIRCODES, N. SP.

Pl. III, fig. 10.

Coquille turriculée, allongée ; spire tronquée. — Tours au nombre de 5-6, séparés par des sutures de plus en plus profondes, plus larges que hauts, convexes, à peine excavés près de la suture postérieure, le dernier égal au quart de la hauteur totale. — La surface est couverte de côtes longitudinales et transverses ; les premières sont larges, saillantes, arrondies, devenant de plus en plus épaisses et obliques sur les derniers tours, séparées par des intervalles plus larges qu'elles-mêmes, atténuées en arrière, au nombre de 7 sur l'avant-dernier tour ; les côtes transverses ne sont bien distinctes, sauf celle qui limite la dépression postérieure, que sur le dernier tour et dans les intervalles des côtes longitudinales ; elles sont étroites, assez proéminentes, égales et équidistantes, au nombre de 4 sur les tours recouverts et de 6-7 sur le dernier. Elles semblent devenir très obsolètes à leur passage sur les côtes longitudinales, si même elles n'y sont interrompues. Plis d'accroissement bien distincts. — Ouverture peu anguleuse en arrière ; bord columellaire excavé, couvert d'une callosité peu épaisse, renversée sur la fossette ombilicale.

Longueur, 46 ; largeur. 19 millim.

GISEMENT. — *Ligurien supérieur* : Barjac (Gard).

### 4. MELANOIDES LAURÆ, MATHERON.

Pl. III, fig. 11-13.

1842. *Melania Lauræ*.... MATHERON, Cat. des corps org. foss. des Bouches-du-Rhône, p. 219. pl. XXXVI, fig. 23-24.

GISEMENTS. — *Tongrien supérieur* : Vaucluse, Malaucène, Gargas, (Vaucluse), Réauville, Châteauneuf-du-Rhône (Drôme).

## IV. — MELANOPSIS, Lamarck.

### 1. MELANOPSIS ACROLEPTA, N. SP.

Pl. IV, fig. 1-2.

Coquille ovalaire, allongée ; spire longue, aiguë, régulière ou légèrement concave par suite d'un accroissement exagéré des 2-3 derniers tours. — Tours au nombre de 8-10, séparés par des sutures plates, superficielles, les dernières un peu irrégulières, s'accroissant lentement, plans ou légèrement sinueux, les derniers tours convexes sur les deux tiers antérieurs et déprimés sur le tiers postérieur, le dernier très atténué en avant, égal à la moitié de la hauteur totale. La surface ne présente que de fines stries d'accroissement. — Ouverture ovale-oblongue, assez étroite ; labre mince ; columelle prolongée en avant et tordue sur elle-même, peu tronquée à son extrémité, concave en arrière où elle est couverte d'une callosité épaisse ; canal postérieur très étroit, peu profond ; gouttière antérieure longue et assez large.

Longeur, 21 ; largeur, 7 millim.

Gisements. — *Ligurien moyen et supérieur :* Barjac, Roméjac, Avéjan, Saint-Jean-de-Maruéjols, Célas, Issirac, Galès, près de Montclus (Gard).

### 2. MELANOPSIS SUBULATA, *in* SANDBERGER.

VAR. ROMEJACENSIS, N. V.

Pl. IV, fig. 3-4.

Coquille ovale-oblongue ; spire assez courte, régulièrement conique. — Tours au nombre de 4-5, séparés par des sutures simples, superficielles, la dernière peu irrégulière, convexes en avant, légèrement déprimés sur la moitié postérieure ; le dernier égal aux trois cinquièmes de la hauteur totale, très atténué en avant, marqué vers le quart postérieur d'un angle très accusé, déclive et légèrement déprimé en arrière, un peu aplati en avant jusqu'à la moitié de sa hauteur. La surface ne montre que des stries d'accroissement et quelques plis obsolètes irréguliers sur la fin du dernier tour. — Ouverture oblongue, assez large ; labre sinueux en arrière ; columelle excavée, gouttière antérieure assez large.

Longueur, 17 ; largeur, 7 millim.

GISEMENT. — *Ligurien supérieur :* Reméjac, près de Barjac (Gard).

### 3. MELANOPSIS HERICARTI, FONTANNES.

1880. *Melanopsis Hericarti*..... F. FONTANNES, Étude VI, Le bassin de Crest, p. 149, pl. I., fig. 5-6.

GISEMENTS. — *Aquitanien* : La Baume-Cornillane (Isère), ? Montpellier (Hérault).

## V. — VIVIPARA, Lamarck.

### 1. VIVIPARA MEGALOGLYPTA, N. SP.

Pl. IV, fig. 5-9.

Coquille ovoïde, globuleuse; spire assez allongée, conoïde, obtuse au sommet. — Tours au nombre de 5-6, séparés par des sutures simples, profondes, les deux premiers convexes, les suivants divisés en deux parties inégales par un angle arrondi ou une carène plus ou moins aiguë, la région postérieure presque plane et légèrement déclive, la région antérieure verticale ; le dernier tour ventru, largement convexe à la circonférence, arrondi en avant, un peu déprimé dans la région ombilicale, atteint presque les deux tiers de la hauteur totale. — A l'exception des deux premiers tours qui sont lisses, la surface est couverte de cordons concentriques arrondis au nombre de 3-4 sur la partie antérieure de l'avant-dernier tour et de 1-2 sur la partie postérieure où ils sont sensiblement atténués. Ces cordons inégaux, inéquidistants, sont subdivisés par des stries étroites, plus ou moins profondes ; la plupart des interstices sont aussi marqués de fines stries qui y découpent des costules arrondies.

Une sculpture analogue couvre toute la région antérieure du dernier tour. — Ouverture grande, obronde; bord columellaire mince, faiblement renversé sur la fente ombilicale qui est assez étroite et allongée.

Longueur, 45; largeur, 34 millim.

GISEMENT. — *Ligurien supérieur :* Barjac (Gard).

### 2. VIVIPARA SORICINENSIS, NOULET *in* SANDBERGER.

Pl. IV, fig. 10-14.

1870-75. *Paludina Soricinensis*... F. SANDBERGER, Die Land-u. Süssw. Conch. der Vorwelt, p. 303, pl. XVIII, fig. 3.

GISEMENTS. — *Ligurien supérieur* : Les environs de Barjac (La Villette, Montferrier, Roméjac, Avéjan), Saint-Jean-de-Maruéjols, Célas (Gard).

### 3. VIVIPARA REAUVILLENSIS, FONTANNES.

1880. *Paludina Soricinensis*. v. *Reauvillensis*..... F. FONTANNES, Étude VI, le bassin de Crest, p. 155.

GISEMENT. — *Aquitanien* : Réauville (Drôme).

## VI. — BYTHINIA, Leach.

### BYTHINIA MONTHIERSI, CAREZ.

VAR. ELACHYSPIRA, N. V.

Pl. IV, fig. 15-16.

Coquille de très petite taille, conoïde, globuleuse, surbaissée; spire très courte, obtuse à son extrémité. — Tours au nombre de 3-4, séparés par des sutures profondes, subcanaliculées, — convexes et légèrement aplatis à la circonférence, se surplombant les uns les autres, s'accroissant très rapidement en diamètre; le dernier presque égal aux 2 tiers de la hauteur totale. Fente ombilicale assez large, obronde, profonde. Surface marquée de fines stries d'accroissement.

— Ouverture large, anguleuse à la jonction antérieure du labre et de la columelle; labre très arqué, simple; columelle subrectiligne, laissant à découvert la fente ombilicale.

Longueur, 1 1/2; largeur, 1 1/2 millim.

GISEMENT. — *Ligurien supérieur* : Célas (Gard).

## VII. — NYSTIA, Tournouer.

### 1. NYSTIA PLICATA, D'ARCHIAC ET VERNEUIL.

VAR. DAXI, N. V.

Pl. IV, fig. 17-26.

Coquille ovale-oblongue; spire obtuse, tronquée spontanément. — Tours au nombre de 4 chez l'adulte (la spire complète en compterait 6-7), séparés par des sutures profondes, simples, linéaires, — convexes, le diamètre maximum étant généralement un peu antérieur, s'accroissant graduellement jusques et y compris l'avant-dernier tour; le dernier généralement plus petit que ne le comporterait le développement normal de la spire, assez brusquement atténué en avant, atteignant à peine la hauteur des trois autres tours. — Surface couverte de fines stries d'accroissement et partiellement de plis longitudinaux très rapprochés. Ces plis fins, réguliers, équidistants, naissent à quelque distance de la suture postérieure, atteignent le maximum de saillie vers le milieu de la circonférence, s'atténuent au delà et disparaissent le plus souvent sur la partie antérieure. Ils sont toujours obsolètes et manquent absolument sur une portion plus ou moins notable du dernier tour. — Ouverture ovalaire, faiblement oblique, parallèle à l'axe de la coquille, arrondie et un peu évasée en avant, rétrécie et subanguleuse à son extrémité postérieure ; labre bordé en arrière par un bourrelet assez épais ; columelle à peine renversée sur l'ombilic qui est entièrement recouvert.

Longueur (après troncature), 5 ; largeur 2 1/2 millim.

GISEMENTS. — *Ligurien supérieur* : Environs de Barjac, Laval-Saint-Roman.

### 2. NYSTIA DUCHASTELI, Nyst.

Var. crassilabrum, Matheron.

Pl. IV, fig. 27-31.

1842. *Cyclostoma crassilabra*..... Matheron, Cat. des corps org. foss. des Bouches-du-Rhône, p. 211, pl. XXXV, fig. 18-21.

Coquille ovale-oblongue ; spire subconique, tronquée. — Tours au nombre de 4 (après la troncature), séparés par des sutures linéaires, profondes, la dernière très oblique, — convexes, le diamètre maximum un peu antérieur ; le dernier relativement moins développé que l'avant-dernier, un peu déjeté, brusquement atténué en avant, un peu inférieur à la moitié de la hauteur totale. Surface lisse ou ne montrant que de très fines stries d'accroissement. — Ouverture ovalaire, évasée, oblique, parallèle à l'axe de la coquille ; bord droit bordé extérieurement d'un bourrelet assez épais ; ombilic petit, assez profond, incomplètement recouvert.

Longueur, 6 ; largeur 3 1/2 millim.

Gisements. — *Tongrien supérieur* : Apt, Gargas, Bonnieux, Vaucluse (Vaucluse).

## VII. — HYDROBIA, Hartmann

### 1. HYDROBIA PYRAMIDALIS, Deshayes.

Var. Celasensis, n. v.

Pl. IV, fig. 32-42.

Coquille conoïde, à spire élevée, aiguë. — Tours au nombre de 5-6, s'accroissant lentement, très convexes, disposés en gradins, séparés par des sutures peu obliques, profondes, le dernier plus large que haut, arrondi en avant, un peu plus petit que le reste de la spire. Surface lisse ou seulement marquée de très fines stries d'accroissement. — Ouverture régulièrement ovalaire ; bords minces, continus.

Longueur, 3-4 ; largeur, 2 millim.

Gisements. — *Ligurien supérieur* : Célas, Monteils, Servas, Avéjan, Saint-Jean-de-Maruéjols, Massargues, Orgnac, Laval-Saint-Roman (Gard).

### 2. HYDROBIA EPIEDSENSIS, Carez.

Var. Vardinica, n. v.

Pl. IV, fig. 54-57.

Coquille conique, étroite, allongée; spire un peu obtuse au sommet, arrondie, subperforée à la base. — Tours au nombre de 4-5, séparés par des sutures linéaires, étroites, profondes, — convexes, s'accroissant graduellement; le dernier tour plus petit que la spire, se prolongeant un peu en avant à son extrémité. Ombilic très petit, recouvert en partie par la columelle. Surface marquée de fines stries d'accroissement. — Ouverture assez petite, ovalaire, peu allongée, peu oblique.

Longueur, 2 1/4 ; largeur, 1 millim.

Gisements. — *Ligurien supérieur ?* et *Tongrien* : Moulinas, près de Barjac, Montredon, près de Sommières (Gard).

### 3. HYDROBIA DUBUISSONI, Bouillet.

Var. Aquisextana, n. v.

Pl. IV, fig. 48-53.

Coquille conique, allongée, à spire aiguë, régulière le plus souvent. — Tours au nombre de 6, séparés par des sutures peu profondes, mais bien distinctes, médiocrement obliques, les premiers subconvexes, le dernier arrondi à la circonférence, peu prolongé en avant, parfois un peu déjeté, égal au tiers de la longueur totale. Surface brillante, couverte de fines stries d'accroissement. — Ouverture ovale-obronde, subarrondie en avant, un peu anguleuse en arrière ; bord droit, simple, aigu ; bord columellaire légèrement renversé sur la fente ombilicale qui est très étroite.

Longueur, 4 1/2 ; largeur, 2 millim.

Gisements. — *Tongrien supérieur* et *Aquitanien* : Aix, Éguilles, Saint-Canadet (Bouches-du-Rhône), Manosque, Villemus (Basses-Alpes), La Bastide-des-Jourdans, Bonnieux, Apt, Gargas, Vaucluse (Vaucluse), Réauville, Salles, Divajeu (Drôme).

## IX. — NERITINA, Lamarck.

### 1. NERITINA CRYPTOSPIRODES, n. sp.

Pl. V, fig. 1-8.

Coquille de petite taille, pisiforme, globuleuse; spire très déprimée. — Tours au nombre de 3, séparés par des sutures superficielles, linéaires, très imprimées, les premiers aplatis ou légèrement convexes, le dernier très convexe, aussi haut que large, enveloppant presque complètement les tours précédents. — Ouverture semi-circulaire; plan columellaire très déclive ; callosité peu épaisse, médiocrement étalée sur le dernier tour ; bord droit mince.

Longueur, 4; largeur, 4 millim.

Gisements. — *Ligurien moyen :* les environs de Massargues et de Barjac, Orgnac, Issirac, Laval-Saint-Roman (Gard).

### 2. NERITINA LAUTRICENSIS, Noulet *in* Sandberger.

Var. Sauvagesi, n. v.

Pl. V, fig. 9-10.

Coquille semiglobuleuse, transverse, à spire courte. — Tours au nombre de 3-4, les premiers peu saillants, le dernier formant presque toute la hauteur de la coquille, très convexe, déprimé le long de la suture, déjeté vers son extrémité, marqué de fines stries d'accroissement. La coloration consiste en taches blanches, allongées dans le sens transverse, très rapprochées, s'enlevant sur un fond brun-verdâtre et formant un réseau à mailles très irrégulières, interrompu par une ou deux bandes concentriques absolument blanches. — Bord columellaire mince, lisse; callosité semilunaire, assez épaisse.

Longueur, 5; largeur, 7 millim.

Gisements. — *Ligurien supérieur :* les environs de Barjac, Orgnac, Saint-Jean-de-Maruéjols (Gard).

### 3. NERITINA AQUENSIS, Matheron.

Pl. V, Fig. 11-18.

1842. *Neritina Aquensis*.... Matheron, Cat. des corps org. foss. des Bouches-du-Rhône, p. 227, pl. XXXVIII, fig. 6-8.

Gisements. — *Tongrien* et *Aquitanien* : Aix, Saint-Canadet (Bouches-du-Rhône), La Bastidonne, Saumanes (Vaucluse), Réauville (Drôme).

## X. — HELIX, Linné.

### 1. HELIX HOMBRESI, n. sp.

Pl. V, fig. 19-21.

Coquille suborbiculaire, déprimée, imperforée ; spire courte, subconvexe, à sommet obtus, à base convexe, marquée au centre d'une légère dépression très restreinte. — Tours au nombre de 5, peu convexes, s'accroissant lentement, le dernier relativement un peu plus gros, caréné au début, à peine subanguleux près de l'ouverture, égalant presque en largeur la moitié du rayon et dépassant légèrement en hauteur les deux tiers de la longueur totale, ne déviant de la spirale normale que dans le voisinage immédiat de l'étranglement apertural. Surface couverte de fines stries d'accroissement, à peine plus marquées en arrière qu'en avant de la circonférence. — Ouverture ovale, petite, un peu resserrée, très oblique sur l'axe de la coquille; péristome précédé d'un étranglement large et profond.

Longueur, 8 1/2; largeur, 16 millim.

Gisement. — *Ligurien supérieur* : les environs de Barjac (Gard).

### 2. HELIX RAMONDI, Brongniart.

Pl. V, fig. 24-25.

1810. *Helix Ramondi*... Al. Brongniart, Ann. Mus. d'Hist. nat. XV, p. 378, pl. XXIII, fig. 5.

Gisements. — *Tongrien supérieur* et *Aquitanien* : Aix, Éguilles (Bouches-du-Rhône), Villemus (Basses-Alpes), Pertuis, Saumanes (Vaucluse), Réauville (Drôme).

### 3. HELIX EURABDOTA, N. SP.

Pl. V, fig. 26-28 (? 29, var.).

Coquille discoïde, déprimée; spire courte, à sommet obtus, à base convexe et déprimée au centre. — Tours au nombre de 5-6, faiblement convexes, séparés par des sutures peu profondes, les 3-4 premiers s'accroissant lentement, les 2 derniers plus rapidement, le dernier relativement un peu plus gros, égal à la moitié à peine du rayon et aux 4 cinquièmes de la hauteur totale, anguleux au début, subarrondi vers l'ouverture, ne déviant de la spirale que vers l'étranglement apertural. Surface couverte de plis d'accroissement, saillants, subégaux, subéquidistants, dont un grand nombre diversement anastomosés, s'atténuant rapidement et graduellement sur la face antérieure, très fins autour de la base de la columelle. — Ouverture assez petite, ovalaire, très oblique; péristome précédé d'un étranglement très large et profond.

Longueur, 7 1/2; largeur, 14 millim.

GISEMENTS. — *Aquitanien* : Aix (Bouches-du-Rhône), Manosque (Basses-Alpes), Barcelonne (Drôme).

## XI. — HYALINIA, Agassiz.

### HYALINIA (?) BRUJASENSIS, N. SP.

Pl. V, fig. 30-31.

Coquille discoïde, aplatie; spire très courte, à sommet obtus, à base déprimée et perforée. — Tours au nombre de 5-6, assez convexes, séparés par des sutures étroites et profondes, s'accroissant lentement, graduellement, le dernier dépassant légèrement le tiers du rayon, ne déviant pas de la spirale. Surface brillante, marquée de fines stries d'accroissement. — Ombilic assez large, égal au quart environ du diamètre total, profond, à parois peu évasées.

Longueur, 2; largeur, 11 millim.

GISEMENT. — *Aquitanien inférieur ?* : les environs de Brujas (Ardèche).

## XII. — SUCCINEA, Draparnaud.

### SUCCINEA BERTRANDI, N. SP.

Pl. V, fig. 32.

Coquille ovale-oblongue ; spire très courte, obtuse au sommet. — Tours au nombre de 3, séparés par des sutures profondes, relativement peu obliques, s'accroissant très rapidement, le premier très petit, arrondi, submucroné, le second convexe, plus large que haut, le dernier très grand, à peine inférieur aux 4 cinquièmes de la hauteur totale, très allongé, comprimé latéralement, atténué en avant ; les deux derniers couverts de stries d'accroissement inégales, formant des plis légèrement sinueux, plus ou moins anastomosés.

Longueur, 7 1/2 ; largeur, 3 1/2 millim.

GISEMENT. — *Tongrien :* Montredon, près de Sommières (Gard).

## XIII. — PUPA, Lamarck.

### 1. PUPA AMBLYMORPHA, N. SP.

Coquille très petite, ovoïde, ventrue, surbaissée, ombiliquée ; spire courte, obtuse à son extrémité. — Tours au nombre de 5-6, séparés par des sutures bien marquées, horizontales, — convexes, s'accroissant très lentement en hauteur, très larges, l'avant-dernier relativement plus développé, le dernier assez haut. Surface marquée de stries d'accroissement fines, inégales, très obliques. — Ouverture relativement grande ; ombilic étroit, assez profond.

Longueur, 1 3/4 ; largeur, 2 1/4 millim.

GISEMENT. — *Ligurien supérieur :* Avéjan, près de Barjac (Gard).

### 2. PUPA FABREI, N. SP.

Pl. IV, fig. 58-59.

Coquille petite, ovoïde ; spire convexe, obtuse à son extrémité. —

Tours au nombre de 6, séparés par des sutures profondes, linéaires, horizontales sauf la dernière qui oblique un peu en avant, — convexes, s'accroissant assez rapidement en largeur, disposés en gradins, le dernier atténué, un peu moins large que l'avant-dernier, égal au tiers de la hauteur totale. — Surface marquée de stries d'accroissement fines, irrégulières, très obliques.

Longueur, 3; largeur, 2 millim.

Gisements. — *Tongrien :* Montredon, Servas (Gard).

## 3. PUPA SERVASENSIS, N. SP.

Pl. V, fig. 33.

Coquille turriculée, cylindrique, légèrement ventrue, à sommet obtus, mamelonné. — Tours au nombre de 10, les premiers légèrement convexes, séparés par des sutures assez profondes, les suivants presque plans, à sutures subhorizontales, presque superficielles, finement crénelées; les 6 premiers s'accroissent rapidement et l'angle spiral est assez ouvert; au-delà, le diamètre augmente peu, ce qui donne au profil général une courbure assez sensible: le dernier très atténué en avant, dépassant un peu le quart de la hauteur totale. La surface est lisse sur les 2-3 premiers tours; elle se couvre ensuite de costules fines, arrondies, serrées, très obliques sur l'axe de la coquille, subégales, presque équidistantes, rarement anastomosées, au nombre de 40 à 45 sur le dernier tour; elles s'écartent ensuite sensiblement mais graduellement, deviennent moins régulières et ne sont plus représentées sur le dernier tour que par de petits plis inégaux, atténués en avant, au nombre de 25 environ, dont quelques-uns obsolètes. — Labre bordé en dehors de quelques plis aigus et assez saillants.

Longueur, 8 1/2; largeur 3 1/2 millim.

Gisement. — *Tongrien :* Servas (Gard.)

## XIV. — CLAUSILIA, Draparnaud.

### CLAUSILIA GEBENNICA, N. SP.

Coquille allongée, fusiforme; spire obtuse au sommet. — Tours presque plans, s'accroissant lentement, plus larges que hauts, séparés par des sutures festonnées, superficielles, très obliques; les deux premiers tours sont lisses ; sur les autres, la surface est couverte de costules longitudinales assez fines, saillantes, serrées, égales, équidistantes, verticales, presque rectilignes, faiblement courbées en avant à leur extrémité postérieure, au nombre de 50 à 60 sur le dernier tour.

La taille ne peut être indiquée qu'approximativement. Un fragment comprenant l'extrémité de la spire et comptant 6 tours mesure 2 1/2 millim. de largeur sur 5 de longueur; un autre composé au contraire des trois derniers tours, mesure 6 1/2 millim. sur 6. Ces dimensions permettent d'estimer à 25-30 millim. au moins la longueur totale de cette espèce.

GISEMENT. — *Aquitanien ?* : Brujas (Ardèche).

## XV. — ANCYLUS, Geoffroy.

### ANCYLUS DUMASI, N. SP.

Pl. V, fig. 34.

Coquille conique, très convexe en dessus, arquée sur la partie antérieure, rectiligne ou légèrement convexe sur la partie postérieure; base ovalaire, à peine rétrécie en arrière; sommet obtus, peu saillant, peu excentrique, situé vers le tiers postérieur de la longueur et très faiblement incliné à droite (?). Plis d'accroissement au nombre de 3, très proéminents eu égard à la taille de la coquille et à l'épaisseur du test.

Longueur, 3 1/2 ; largeur, 2 1/4 millim.

GISEMENT. — *Tongrien* : Montredon, près de Sommières (Gard).

## XVI. — LIMNÆA, Lamarck.

### 1. LIMNÆA ELONGATA, de Serres (?).

Var. Galesensis, n. v.

Pl. V, fig. 41-43.

Coquille étroite, allongée; spire assez courte, légèrement convexe, subobtuse au sommet. — Tours au nombre de 6, peu convexes, séparés par des sutures peu profondes, peu obliques, le dernier égal à la moitié de la hauteur totale ou la dépassant faiblement. — Ouverture assez large; labre médiocrement arqué; pli columellaire très distinct, situé vers le tiers supérieur du bord columellaire.

Longueur, 15; largeur, 6 1/2 millim.

Gisement. — *Ligurien moyen :* Galès, près de Barjac (Gard).

### 2. LIMNÆA ACUMINATA, Brongniart.

Var. Euzetensis, n. v.

Pl. V, fig. 44.

Coquille ovale-allongée; spire assez longue, régulière, acuminée. — Tours au nombre de 6-7, peu élevés, s'accroissant graduellement et lentement, les premiers arrondis, les suivants un peu convexes, séparés par des sutures assez profondes, peu obliques, le dernier relativement plus large, convexe, surplombant sur les autres, légèrement plus long que la spire. Surface couverte de fines stries d'accroissement. — Ouverture ovale, peu élargie en avant; labre faiblement arqué; pli columellaire peu saillant; callosité mince, assez étendue.

Longueur, 18; largeur, 7 millim.

Gisements. — *Ligurien moyen* et *supérieur :* Euzet, Barjac, Roméjac, Saint-Jean-de-Maruéjols (Gard); Saint-Canadet (Bouches-du-Rhône).

***

### 3. LIMNÆA BRACHYGASTER, n. sp.

Pl. V, fig. 45.

Coquille allongée, subcylindrique; spire très longue, légèrement convexe. — Tours au nombre de 7-8, séparés par des sutures peu profondes, peu obliques sauf la dernière, — les premiers arrondis, les suivants de moins en moins convexes, le dernier cylindracé, aminci en avant, déjeté sur la dernière moitié, égal aux 43 centièmes de la hauteur totale. — Surface couverte de fines stries d'accroissement.

Longueur, 23; largeur, 7 millim.

Gisements. — *Ligurien supérieur :* les environs de Barjac, Euzet (Gard).

### 4. LIMNÆA LONGISCATA, Brongniart.

Var. Ostrogallica, n. v.

Pl. V, fig. 46-51.

Coquille ovale, étroite, allongée; spire régulière, effilée, acuminée. — Tours au nombre de 7-8, plans ou peu convexes, séparés par des sutures superficielles ou peu profondes, la dernière très oblique; le dernier tour égal à la moitié de la hauteur totale, très aminci à son extrémité antérieure. Surface couverte de fines stries d'accroissement. — Ouverture étroite, atténuée en avant; labre peu arqué; columelle peu excavée, pli columellaire étroit et médiocrement proéminent.

Longueur, 37; largeur, 13 millim.

Gisements. — *Ligurien :* Les environs de Barjac, Roméjac, Saint-Jean-de-Maruéjols, Servas, Euzet (Gard); Saint-Canadet (Bouches-du-Rhône); Apt, Gargas (Vaucluse).

### 5. LIMNÆA PYRAMIDALIS, Brard.

Pl. VI, fig. 1-3.

1852. *Limnæa pyramidalis*...... F. Edwards, The eocene Mollusca, p. 84, pl. XIII, fig. 2.

Gisements. — *Ligurien moyen et supérieur :* Barjac, Saint-Jean-de-Maruéjols, Servas (Gard).

### 6. LIMNÆA ÆQUALIS, de Serres.

Pl. VI, fig. 4-6.

1818. *Limnæa æqualis*..... de Serres, Journal de Physique, de Chimie, etc., t. LXXXVII, p. 161.

Gisements. — *Tongrien :* Salinelles (*in* de S.), Montredon (Gard).

### 7. LIMNÆA PYGMÆA, de Serres.

1818. *Limnæa pygmæa*..... de Serres, Journal de Physique, de Chimie, etc., t. LXXXVII, p. 161.

Gisements. — *Tongrien :* Salinelles (*in* de S.), Montredon (Gard).

### 8. LIMNÆA SUBPALUSTRIS, Thomæ.

Var. Dromica, n. v.

Pl. VI, fig. 7-8.

Coquille ovale-allongée; spire régulière, aiguë et acuminée à son extrémité. — Tours au nombre de 7, séparés par des sutures médiocrement profondes, la dernière assez oblique, — peu convexes, s'accroissant graduellement; le dernier tour un peu plus long que la spire, prolongé en avant, à peine renflé. Surface couverte de fines stries d'accroissement, groupées parfois en petits faisceaux serrés, presque réguliers et équidistants. Ces plis ou costules s'accentuent sur la partie antérieure du dernier tour, surtout dans le voisinage de la fente ombilicale. — Ouverture allongée, un peu évasée en avant, rétrécie en arrière ; labre aigu, peu arqué ; columelle faiblement excavée.

Longueur, 35 ; largeur, 15 millim.

GISEMENTS. — *Aquitanien :* Saint-Canadet, ? Éguilles (Bouches-du-Rhône); Manosque, Villemus (Basses-Alpes) ; La Bastide-des-Jourdans, Malaucène (Vaucluse) ; Salles, Réauville (Drôme).

### 9. LIMNÆA GARNIERI, N. SP.

Pl. VI, fig. 9-10 (? 11, 12, var.).

Coquille ovale, ventrue ; spire régulière, acuminée au sommet. — Tours au nombre de 6, séparés par des sutures linéaires, peu profondes, à peine obliques, les deux premiers arrondis, les trois suivants presque plans ou faiblement convexes, un peu plus hauts que larges, s'accroissant graduellement, le dernier très renflé, globuleux, surplombant la spire, peu prolongé en avant vers l'ouverture, égal aux deux tiers de la longueur totale. Surface couverte de fines stries et, sur le dernier tour, de quelques plis d'accroissement ; parfois ces derniers forment un peu en arrière du labre une sorte de bourrelet. — Ouverture évasée et arrondie en avant ; columelle peu excavée, très oblique.

Longueur, 21 ; largeur, 13 millim.

GISEMENTS. — *Aquitanien :* Aix, Le Puy-Sainte-Réparade (Bouches-du-Rhône) ; La Bastide-des-Jourdans, Apt, Bonnieux (Vaucluse).

### 10. LIMNÆA PACHYGASTER, THOMÆ.

VAR. TRICASTINA, Font.

Pl. VI, fig. 13.

1880. *Limnæa pachygaster*, v. *Tricastina*..... F. FONTANNES, Étude VI, Le bassin de Crest, p. 151, pl. II, fig. 1.

GISEMENTS. — *Aquitanien :* Aix, Saint-Canadet (Bouches-du-Rhône); Pertuis, La Bastide-des-Jourdans (Vaucluse); Manosque (Basses-Alpes) ; Saint-Marcel-d'Ardèche (Ardèche).

### 11. LIMNÆA SUBBULLATA, SANDBERGER.

Pl. VI, fig. 14-15 (? 16.)

1870-75. *Limnæus bullatus*..... F. SANDBERGER, Die Conch. des Mainzer-Beckens, p. 66, pl. VII, fig. 5.

GISEMENTS. — *Aquitanien :* Aix, Éguilles (Bouches-du-Rhône) ; Manosque (Basses-Alpes) ; La Bastide-des-Jourdans (Vaucluse) ; Saint-Marcel-d'Ardèche.

### 12. LIMNÆA CONCINNA, REUSS.

VAR. LEENHARDTI, N. V.

Pl. VI, fig. 17.

Coquille ovale, allongée, étroite ; spire conique, régulière ou sub-convexe. — Tours au nombre de 5, séparés par des sutures peu profondes, la dernière un peu oblique, — peu convexes, s'accroissant graduellement, le dernier subcylindracé, non renflé, légèrement déjeté, égal aux deux tiers de la longueur totale. Surface couverte de stries d'accroissement irrégulières et de quelques plis obsolètes sur le dernier tour. — Ouverture ovalaire, à peine dilatée en avant : labre très faiblement arqué.

Longueur, 19 ; largeur, 8 1/2 millim.

GISEMENTS. — *Aquitanien :* Aix, Le Puy-Sainte-Réparade (Bouches-du-Rhône) ; Malaucène (Vaucluse).

### 13. LIMNÆA VOCONTIA, FONTANNES.

1880. *Limnæa Vocontia*..... F. FONTANNES, Étude VI, Le bassin de Crest, p. 150, pl. I, fig. 13.

GISEMENTS. — *Aquitanien :* Manosque (Basses-Alpes) ; La Garde-Adhémar, Divajeu (Drôme).

### 14. LIMNÆA CŒNOBII, Fontannes.

Pl. VI, fig. 18-19.

1880. *Limnæa cœnobii*..... F. Fontannes, Étude VI, Le bassin de Crest, p. 152. pl. II, fig. 2-3.

Gisements. — *Aquitanien :* Aix, Le Puy-Sainte-Réparade (Bouches-du-Rhône); Manosque (Basses-Alpes); Gargas, Malaucène (Vaucluse); Salles, Réauville, Divajeu (Drôme); Saint-Marcel-d'Ardèche.

*Tongrien (? supérieur) :* Vaucluse.

## XVII. — PLANORBIS, Müller.

### 1. PLANORBIS COURPOILENSIS, Carez.

Var. ceratioides, n. v.

Pl. VI, fig. 20-23.

Coquille orbiculaire, aplatie, arrondie à la circonférence, à peine concave en dessus, profondément ombiliquée en dessous. — Tours au nombre de 3-4, se recouvrant sur la moitié de leur largeur, s'accroissant graduellement jusque vers le milieu du dernier tour, séparés par des sutures profondes; le dernier arrondi, convexe en dessus, s'élargissant brusquement, trois fois plus haut près de l'ouverture que l'avant-dernier, un peu déjeté. Surface couverte de stries obliques, fortement courbées en arrière; bord supérieur de l'ouverture faiblement sinueux.

Diamètre total, 6; diam. du dernier tour, 2 1/2 millim.

Gisements. — *Ligurien moyen* : Barjac, Laval-Saint-Roman, Saint-Jean-de-Maruéjols, Servas (Gard).

### 2. PLANORBIS POLYCYMUS, n. sp.

Pl. VI, fig. 24-26.

Coquille discoïde, aplatie en dessus. — Tours au nombre de 5, se recouvrant sur une faible partie de leur largeur, s'accroissant lentement, subaplatis en dessus, convexes en dessous (le maximum d'épaisseur se trouvant près de l'ombilic), séparés par des sutures très nettes, plus profondes sur la face inférieure, le dernier deux fois plus large que l'avant-dernier, non dilaté à son extrémité. — Ombilic large, égal à la moitié du diamètre total, légèrement concave.

Diamètre total, 5; diam. de l'ombilic, 2 1/2 millim.

GISEMENTS. — *Ligurien moyen et supérieur :* Les environs de Barjac, Issirac, Bernas, Privat, près de Cornillon, Saint-Jean-de-Maruéjols, Servas (Gard).

### 3. PLANORBIS STENOCYCLOTUS, N. SP.

Pl. VI, fig. 27.

Coquille orbiculaire, aplatie, concave en dessus, arrondie à la circonférence. — Tours au nombre de 5-6, s'accroissant lentement, se recouvrant à peine, convexes, arrondis, assez hauts, séparés par des sutures étroites, profondes, le dernier deux fois plus large que l'avant-dernier. — Ombilic très ouvert, peu excavé, égal aux trois cinquièmes de la largeur totale

Diamètre total, 5 ; diam. de l'ombilic, 3.

GISEMENT. — *Ligurien supérieur :* Roméjac, près de Barjac (Gard).

### 4. PLANORBIS ROUVILLEI, N. SP.

Pl. VI, fig. 28-30.

Coquille discoïde, déprimée, arrondie à la circonférence, faiblement excavée en dessus et en dessous, peu épaisse. — Tours au nombre de 6-7, très convexes en dessous, aplatis en dessus, s'accroissant lentement, se recouvrant sur le quart environ de leur largeur, séparés par des sutures beaucoup plus profondes en dessous qu'en dessus. Surface marquée de stries d'accroissement assez profondes, serrées, très obliques, croisées par de fines costules, au nombre d'une dizaine sur la face inférieure. — Ombilic assez largement ouvert, égal ou légèrement supérieur à la moitié du diamètre total.

Diamètre, 16; diam. de l'ombilic, 8 1/2 millim.; hauteur, 4 millim.

GISEMENT. — *Ligurien supérieur* : les environs de Barjac (Gard).

### 5. PLANORBIS CORNU, A. BRONGNIART.

Pl. VI, fig. 32-34.

1864. *Planorbis cornu*..... DESHAYES, Descr. des An. sans vert., t. II, p. 741, pl. XLVI, fig. 17-19.

GISEMENTS. — *Aquitanien* : Aix (Bouches-du-Rhône), La Bastide-des-Jourdans, Apt, Gargas, les Gondonnets, Bonnieux, Saumanes (Vaucluse), Manosque, Villemus (Basses-Alpes), Salles, La Garde-Adhémar, Divajeu (Drôme).

? VAR. SOLIDA, Thomæ.

Pl. VI, fig. 31.

1870-75. *Planorbis cornu*, var. *solidus*..... F. SANDBERGER, Die Land-u. Süssw. Conch. der Vorwelt, p. 347.

GISEMENT. — *Tongrien* : Montredon, près de Sommières (Gard).

### 6. PLANORBIS DECLIVIS, BRAUN.

Pl. VI, fig. 35-36.

1870-75. *Planorbis (Girorbis) declivis*..... F. SANDBERGER, Die Land-u. Süssw. Conch. der Vorwelt, p. 491, pl. XXV fig. 9.

GISEMENTS. — *Aquitanien* : Le Puy-Sainte-Réparade (Bouches-du-Rhône), Manosque (B.-Alpes), La Bastide-des-Jourdans (Vaucluse).

### 7. PLANORBIS BONILIENSIS, N. SP.

Pl. VI, fig. 37-41.

Coquille orbiculaire, déprimée, arrondie à la circonférence, plane en dessus sauf une légère cavité au centre de l'ombilic, légèrement excavée en dessous. — Tours au nombre de 6, étroits, plus convexes en dessous, se recouvrant très faiblement, plus hauts que larges, bien visibles sur les deux faces, s'accroissant très lentement sauf le dernier qui s'évase un peu à son extrémité, et dont le diamètre est environ deux fois et demie plus grand que celui de l'avant-dernier tour, et presque égal au tiers du diamètre total. Sutures profondes en dessous, très nettes en dessus. — Ombilic presque plat en dessus, un peu excavé en dessous, dépassant légèrement la moitié du diamètre de la coquille.

Diamètre, 8; diam. de l'ombilic, 5 millim.

Gisement. — *Aquitanien* : les environs de Bonnieux (Vaucluse).

## XVIII. — CYCLOSTOMA, Lamarck.

### 1. CYCLOSTOMA ANTIQUUM, Brongniart.

Pl. VI, fig. 42.

1864. *Cyclostoma antiquum*..... Deshayes, Descr. des An. sans vert., t. II, p. 881, pl. LVIII, fig. 1-4.

Gisements. — *Aquitanien* : Salindres, Saint-Germain-de-Cèze (Gard), Brujas (Ardèche).

### 2. CYCLOSTOMA HEMIGLYPTUM, n. sp.

Pl. VI, fig. 43-44.

Coquille conoïde, subglobuleuse, mince, fragile; spire courte, obtuse et mamelonnée au sommet. — Tours au nombre de 6, convexes, disposés en gradins, s'accroissant rapidement en diamètre, séparés par des sutures profondes; le dernier très large, un peu déjeté à son extrémité, arrondi en avant. La surface des trois premiers tours est lisse, celle des trois derniers est couverte de stries d'accroissement assez fines, serrées, très accentuées, surtout sur la fin du dernier tour, croisées sur la région postérieure par des costules spirales. Ces costules sont au nombre de 4-6; elles apparaissent généralement vers la fin du troisième tour où elles sont étroites et serrées, et deviennent de plus en plus larges, arrondies et distantes. La costule antérieure du dernier tour est toujours obsolète et atténue le passage entre la région sculptée et la région antérieure de la coquille qui ne montre que des stries d'accroissement. — Ouverture obronde; bord droit, mince, très légèrement renversé; opercule concave, à pourtour aigu, à tours peu nombreux; nucleus subcentral.

Longueur, 12-14; largeur, 11-13 millim. (?).

GISEMENT. — *Aquitanien* : les environs de Bonnieux (Vaucluse).

## XIX. — SPHÆRIUM, Scopoli.

### 1. SPHÆRIUM BERTEREAUÆ, N. SP.

Pl. V, fig. 4-6.

Coquille discoïde, subglobuleuse, calyculée, subéquilatérale, presque aussi large que haute. — Côté antérieur atténué; côté postérieur un peu plus court, plus ou moins brusquement tronqué; bord supérieur très déclive en avant, presque horizontal en arrière; bord palléal peu arqué. Sommets petits, gibbeux, recourbés sur eux-mêmes, peu inclinés en avant. Surface couverte de stries d'accroissement et de quelques plis irréguliers.

Diam. antéro-post., 5; hauteur, 4.

GISEMENTS. — *Ligurien supérieur* : Barjac (La Villette, Avéjan), Laval-Saint-Roman, Saint-Jean-de-Maruéjols, Servas, Célas, Monteils (Gard).

### 2. SPHÆRIUM GIBBOSUM, SOWERBY.

Pl. VII, fig. 1-3.

1842. *Cyclas Aquensis*..... MATHERON, Cat. des corps org., foss. des Bouches-du-Rhône, p. 147, pl. XIV, fig. 8-9.

GISEMENTS. — *Tongrien supérieur* et (?) *Aquitanien inférieur* : Aix, Éguilles (Bouches-du-Rhône); Trusque, Gargas (Vaucluse); Dauphin (Basses-Alpes).

## XX. — UNIO, Retzius.

### UNIO JORDANORUM, n. sp.

Pl. VII, fig. 7-9 (1).

Coquille ovale-allongée, subelliptique, médiocrement bombée; côté antérieur arrondi; côté postérieur très allongé, subrostré, très aminci à son extrémité; sommets petits, pointus, surbaissés, peu recourbés en dedans, très inclinés en avant, couverts sur une assez grande étendue de rides régulières, serrées, égales, équidistantes, décrivant vers le centre un sinus assez prononcé; lunule courte, assez profonde. Surface extérieure marquée de plis d'accroissement dont quelques-uns très saillants, particulièrement accusés sur l'angle postérieur. — Charnière mince, étroite; dent cardinale petite, comprimée, serrée contre la charnière, la postérieure de la valve gauche à peine visible, brusquement tronquée en avant. — Impression musculaire antérieure peu profonde, allongée; fossette double située vers la base de l'impression du muscle adducteur; impression palléale très distincte.

Diam. antéro-post., 35; hauteur, 17 millim.

Gisements. — *Aquitanien :* La Bastide-des-Jourdans, Saumanes, Bonnieux (Vaucluse).

## XXI. — CYRENA, Lamarck.

### 1. CYRENA DUMASI, M. de Serres.

Pl. VII, fig. 10-19.

1876. *Cyrena Dumasii*..... E. Dumas, Statistique géol. du Gard, t. II, p. 541, pl. III, fig. 8.

Gisements. — *Ligurien inférieur :* Barjac, Orgnac, Massargues, Issirac, Bernas, Laval-Saint-Roman (Gard).

(1) Sur l'exemplaire, représenté fig. 9, le côté supérieur antérieur est, en partie, recouvert par la gangue, ce qui donne à cette valve un faciès très différent de celui que cette espèce devait présenter.

## 2. CYRENA CAREZI, N. SP.

Pl. VII, fig. 20-21.

Coquille trigone, médiocrement transverse, plus ou moins inéquilatérale, peu bombée. — Côté antérieur arrondi ; côté postérieur plus long, tronqué ; corselet étroit, long ; bord inférieur assez arqué. Sommets antérieurs, petits, peu saillants. Surface marquée de quelques plis d'accroissement peu saillants et de costules arrondies très fines, très serrées, égales, équidistantes, qui couvrent avec un égal relief toute la largeur des valves, y compris le corselet.

Diam. antéro-post., 21 ; hauteur, 16 millim.

GISEMENT. — *Ligurien inférieur* : Les environs de Barjac (Gard).

## 3. CYRENA PLATYPTYCHA, N. SP.

Pl. VII, fig. 22-24.

Coquille trigone, transverse, inéquilatérale, peu bombée. Côté antérieur très court, arrondi ; côté postérieur long, souvent subconvexe, très atténué et tronqué à son extrémité inférieure ; corselet assez large, limité en avant par un angle subobtus ; bord palléal légèrement arqué. Sommets antérieurs, assez élevés, anguleux, peu recourbés, inclinés en avant. — Surface marquée de plis concentriques peu saillants, assez réguliers près des sommets, séparés par des intervalles plus larges qu'eux-mêmes et qui s'accroissent sensiblement jusqu'à un certain âge, plus irrégulièrement espacés et plus inégaux près du bord palléal. Toute la coquille est en outre couverte de stries très fines, très serrées.

Diam. antéro-post., 19 ; hauteur, 14 millim.

GISEMENTS. — *Ligurien inférieur* : Barjac, Massargues, Laval-Saint-Roman (Gard).

## 4. CYRENA RETRACTA, N. SP.

Pl. VII, fig. 25.

Coquille trigone, très transverse, très inéquilatérale, peu ventrue, légèrement gibbeuse. — Côté antérieur très court, subtronqué ; côté postérieur comprenant les 4 cinquièmes du diamètre transverse, très atténué et arrondi à son extrémité; corselet très long, large à sa base, limité par un angle peu marqué près du crochet, disparaissant ou devenant à peine distinct près du bord palléal; bord supérieur antérieur formant presque un angle droit avec le bord supérieur postérieur qui est subhorizontal, légèrement courbé; bord palléal subrectiligne, parfois sinueux en avant de l'angle postérieur. Sommets aigus, aplatis, très antérieurs, inclinés en avant. — Surface couverte de costules arrondies, serrées, égales, équidistantes, s'effaçant le plus souvent vers la région postérieure, mais parfois couvrant aussi le corselet, surtout dans le jeune âge; la plupart des valves présentent, en outre, des gradins d'accroissement très accentués.

Diam. antéro-post., 34; hauteur, 18 millim.

GISEMENTS. — *Ligurien inférieur* : Orgnac, Massargues, Laval-Saint-Roman (Gard).

## 5. CYRENA STRONGYLA, N. SP.

Pl. VII, fig. 26.

Coquille subtrigone, faiblement transverse, subéquilatérale, médiocrement bombée. — Côté antérieur arrondi; côté postérieur largement et brusquement tronqué; corselet large, limité en avant par un angle distinct, mais obtus; bord inférieur assez arqué. Sommets peu saillants, petits, aigus. Surface marquée de légers plis d'accroissement et de costules arrondies, subégales et équidistantes sur le côté antérieur, s'atténuant et disparaissant, dans le jeune âge, vers le milieu du diamètre transverse, se poursuivant ensuite jusqu'à l'angle postérieur.

Diam. antéro-post., 19; hauteur, 16.

GISEMENT. — *Ligurien moyen* : Saint-Jean-de-Maruéjols (Gard).

## 6. CYRENA PHYSETA, N. SP.

Pl. VII, fig. 27.

Coquille obronde, obtusément anguleuse au sommet, très bombée, subéquilatérale. — Coté antérieur largement arrondi; côté postérieur un peu plus court, subtronqué. Sommets petits, aigus, légèrement inclinés en avant, submédians ; bord supérieur assez profondément excavé en avant en forme de lunule, rectiligne en arrière où il présente à peu près la même déclivité; corselet obsolète, médiocrement large, limité en avant par un angle à peine distinct; bord inférieur très arqué. — Surface couverte de plis irréguliers d'accroissement, particulièrement inégaux en arrière, et, sur la partie antérieure, de très fines costules concentriques serrées, égales, équidistantes, qui s'atténuent sensiblement ou disparaissent dans le voisinage de l'angle postérieur ; on observe, en outre, des costules rayonnantes étroites, arrondies, peu saillantes, au nombre de 11-12.

Diam. antéro-post., 16 1/2 ; hauteur, 14 millim.

GISEMENT. — *Ligurien moyen* : Barjac (Gard).

## 7. CYRENA JOHANNISENSIS, N. SP.

Pl. VII, fig. 28-29.

Coquille obronde, peu convexe, subéquilatérale. — Côté antérieur arrondi ou légèrement atténué à son extrémité ; côté postérieur un peu plus long, subtronqué. Sommets petits, aigus, notablement inclinés en avant; bord supérieur faiblement excavé en avant, rectiligne, à peine déclive en arrière où il forme un angle assez net avec le côté postérieur ; corselet assez étroit, confusément limité en avant ; bord inférieur très arqué. — Surface lisse ou marquée seulement de quelques plis et de très fines stries d'accroissement.

Diam. antéro-post., 8 ; hauteur, 7 millim.

GISEMENTS. — *Ligurien supérieur* : Saint-Jean-de-Maruéjols, Barjac (Gard).

## 8. CYRENA SUBGEBENNICA

Pl. VII, fig. 30.

Coquille ovale, transverse, médiocrement convexe, inéquilatérale. — Côté antérieur arrondi ; côté postérieur plus large, un peu atténué et tronqué. Sommets recourbés sur eux-mêmes, légèrement renflés, un peu inclinés en avant; bord supérieur court en avant, long et déclive en arrière; corselet limité en avant par un angle le plus souvent assez distinct, mais très obtus; bord palléal subarqué. — Surface couverte de plis et de stries d'accroissement et marquée de costules arrondies, relativement épaisses, qui disparaissent graduellement vers le centre, sauf dans le voisinage du bord inférieur où elles atteignent l'angle postérieur.

Diam. antéro-post., 14; hauteur, 10.

Gisement. — *Ligurien supérieur* : Saint-Jean-de-Maruéjols (Gard).

## 9. CYRENA ALESIENSIS

Pl. VII, fig. 31.

Coquille ovale, transverse, très inéquilatérale, bombée, marquée vers le centre d'une faible dépression rayonnante. — Côté antérieur très court, arrondi; côté postérieur au moins deux fois plus long, nettement tronqué. Sommets épais, assez élevés, inclinés en avant; bord supérieur antérieur très déclive, formant un angle presque droit avec le bord supérieur postérieur; corselet très large limité en avant par un angle postérieur extrêmement obtus; bord palléal légèrement concave. Surface marquée de stries d'accroissement et de plis qui affectent parfois une certaine régularité.

Diam. antéro-post., 9; hauteur, 7 millim.

Gisement. — *Tongrien inférieur* (?) : Méjannes (Gard).

## 10. CYRENA SEMISTRIATA, Deshayes.

Pl. VII, fig. 32-34.

18. *Cyrena semistriata*, v. *Delphinensis*... F. Fontannes; Étude VI, Le bassin de Crest, p. 155.

Gisements. — *Tongrien inférieur* : Méjannes (Gard); Aix, Saint-Canadet (Bouches-du-Rhône), Manosque (Basses-Alpes); Apt, Gargas, Malaucène (Vaucluse); Divajeu (Drôme).

### 11. CYRENA GARGASENSIS, MATHERON.

Pl. VII, fig. 35-37.

1842. *Cyclas Gargasensis*... MATHERON, Cat. des corps org. foss. des Bouches-du-Rhône, p. 148, pl. XIV, fig. 6.

GISEMENTS. — *Tongrien inférieur et supérieur* : Aix, Éguilles (Bouches-du-Rhône) ; Gargas (Vaucluse).

### 12. CYRENA AQUENSIS, MATHERON.

1842. *Anodonta Aquensis*..... MATHERON, Cat. des corps org. foss. des Bouches-du-Rhône, p. 171, pl. XXIV, fig. 9.

GISEMENTS. — *Tongrien supérieur* : Beaulieu (*in* Math.), Éguilles (Bouches-du-Rhône).

*Décembre 1883.*



FIN

# EXPLICATION DES PLANCHES

## PLANCHE I

Fig. 1- 6. *Potamides Bernasensis*, N. SP., p. 11.
7- 9. — *polycosmema*, N. SP., p. 12.
10-11. — *aporoschema*, N. SP., p. 12.
12-15. — *Lauræ*, MATHERON, p. 13.
16-29. — *submargaritaceus*, BRAUN, V. *Rhodanica*, N. V., p. 13.
30-32. — *Granensis*, FONTANNES, V. *Colloti*, N. V., p. 15.
33. — *Lamarcki*, BRONGNIART, V. *Druentica*, N. V., p. 14.
34-35. — *Jacquoti*, N. SP., p. 17.

## PLANCHE II

Fig. 1- 3. *Potamides margaritaceus*, BROCCHI, V. *moniliformis*, GRAT., p. 16.
4- 7. — *microstoma*, DESHAYES, V. *subalpina*, N. V., p. 16.
8-12. — *plicatus*, BRUGUIÈRE, V. *Galleottii*, NYST, p. 17.
13-25. *Striatella Barjacensis*, N. SP., p. 18.
26-28. — *Issiracensis*, N. SP., p. 19.
29-32. — *muricata*, WOOD, V. *Orgnacensis*, N. V., p. 20.
33-35. — *muricata*, WOOD, V. *Orgnacensis*, S.-V. *echinocarena*, p. 20.
36. — *Ostrogallica*, N. SP., p. 21.
37-40. — *pycnoptycha*, N. SP., p. 21.
41-43. — *Vardinica*, N. SP., p. 22.
44-50. — *Nysti*, DUCHASTEL, p. 23.
51-56. — — — *v. Valclusiensis*, N. V., p. 23.
57-58. — *sp.?*

Fig. 59-60. *Melania (s. l.)? diestopleura*, N. SP., p. 24.
61-63. — — *sphecodes*, N. SP., p. 25.
64-65. — — — var. ? p. 25.
66-70. *Melanoides Albigensis*, NOULET, v. *Dumasi*, N. V., p. 26.

## PLANCHE III

Fig. 1- 3. *Melanoides Albigensis*, NOULET, v. *Dumasi*, N. V., p. 26.
4- 9. — *Occitanicus*, N. SP., p. 27.
10. — *eucircodes*, N. SP., p. 28.
11-13. — *Lauræ*, MATHERON, p. 28.

## PLANCHE IV

Fig. 1- 2. *Melanopsis acrolepta*, N. SP., p. 29.
3- 4. — *subulata, in* SANDB., v. *Romejacensis*, N. V., p. 29.
5- 9. *Vivipara megaloglypta*, N. SP., p. 30.
10-14. — *Soricinensis*, NOULET, p. 31.
15-16. *Bythinia Monthiersi*, CAREZ, v. *elachyspira*, N. V., p. 31.
17-26. *Nystia plicata*, D'ARCH. ET VERN., v. *Daxi*, N. V., p. 32.
27-31. — *Duchasteli*, NYST, v. *crassilabrum*, MATHERON, p. 33.
32-42. *Hydrobia pyramidalis*, DESHAYES, v. *Celasensis*, N. V., p. 33.
43-53. *Hydrobia Dubuissoni*, BOUILLET, v. *Aquisextana*, N. V., p. 34
54-57. *Hydrobia Epiedsensis*, CAREZ, v. *Verdinica*, N. V., p. 34.
58-59. *Pupa Fabrei*, N. SP., p. 38.

## PLANCHE V

Fig. 1- 8. *Neritina cryptospirodes*, N. SP., p. 35.
9-10. — *Lautricensis*, NOULET, v. *Sauvagesi*, N. V., p. 35.
11-18. — *Aquensis*, MATHERON, p. 36.
19-21. *Helix Hombresi*, N. SP., p. 36.
24-25. — *Ramondi*, BRONGNIART, p. 36.
26-28. — *eurabdota*, N. SP., p. 37.
29. — — var. ?
39-31. *Hyalinia (?) Brujasensis*, N. SP., p. 37.
32. *Succinea Bertrandi*, N. SP., p. 38.

Fig. 33. *Pupa Serrasensis*, N. SP., p. 39.
34. *Ancylus Dumasi*, N. SP., p. 40.
35-40. *Melania (s.l.) ? apirospira*, N. SP., p. 25.
41-43. *Limnæa elongata*, DE SERRES ? v. *Galesensis*, N. V., p. 41.
44. — *acuminata*, BRONGNIART, v. *Euzetensis*, N. V., p. 41.
45. — *brachygaster*, N. SP., p. 42.
46-51. *Limnæa longiscata*, BRONGNIART, v. *Ostrogallica*, N. V., p. 42.

## PLANCHE VI

Fig. 1- 3. *Limnæa pyramidalis*, BRARD, p. 43.
4- 6. — *æqualis*, de SERRES, p. 43.
7- 8. — *subpalustris*, THOMÆ, v. *Dromica*, N. V., p. 43.
9-10. — *Garnieri*, N. SP., p. 44.
11-12. — — var. ?
13. — *pachygaster*, THOMÆ, v. *Tricastina*, FONT., p. 44.
14-15. — *subbullata*, SANDBERGER, p. 45.
16. — — var ?
17. — *concinna*, REUSS, v. *Leenhardti*, N. V., p. 45.
18-19 — *cœnobii*, FONTANNES, p. 46.
20-23. *Planorbis Courpoilensis*, CAREZ, v. *cerutioides*, N. V., p. 46.
24-26. — *polycymus*, N. SP., p. 46.
27. — *stenocyclotus*, N. SP., p. 47.
28-30. — *Rouvillei*, N. SP., p. 47.
31. — *cornu*, BRONGNIART v. *solida*, THOMÆ ?, p. 48.
23-34. — *cornu*, p. 48.
35-36. — *declivis*, BRAUN, p. 48.
37-41. — *Boniliensis*, N. SP., p. 48.
42. *Cyclostoma antiquum*, BRONGNIART, p. 49.
43-44. — *hemiglyptum*, N. SP., p. 49.

## PLANCHE VII

Fig 1- 3. *Sphærium gibbosum*, SOWERBY, p. 50.
4- 6. — *Bertereauæ*, N. SP., p. 50.
7- 9. *Unio Jordanorum*, N. SP., p. 51.
10-19. *Cyrena Dumasi*, DE SERRES, p. 51.
20-21. — *Carezi*, N. SP., p. 52.

Fig. 22-24. *Cyrena platyptycha*, N. SP., p. 52.
25 — *retracta*, N. SP., p. 52.
26. — *strongyla*, N. SP., p. 53.
27. — *physeta*, N. SP., p. 53.
28-29. — *Johannisensis*, N. SP., p. 54.
30. — *subgebennica*, N. SP., p. 54.
31. — *Alesiensis*, S. PS., p. 55.
32-34. — *semistriata*, DESHAYES, p. 55.
35-37. — *Gargasensis*, MATHERON, p. 56.



---

Lyon. — Impr. P. Mougin-Rusand, rue Stella, 3.

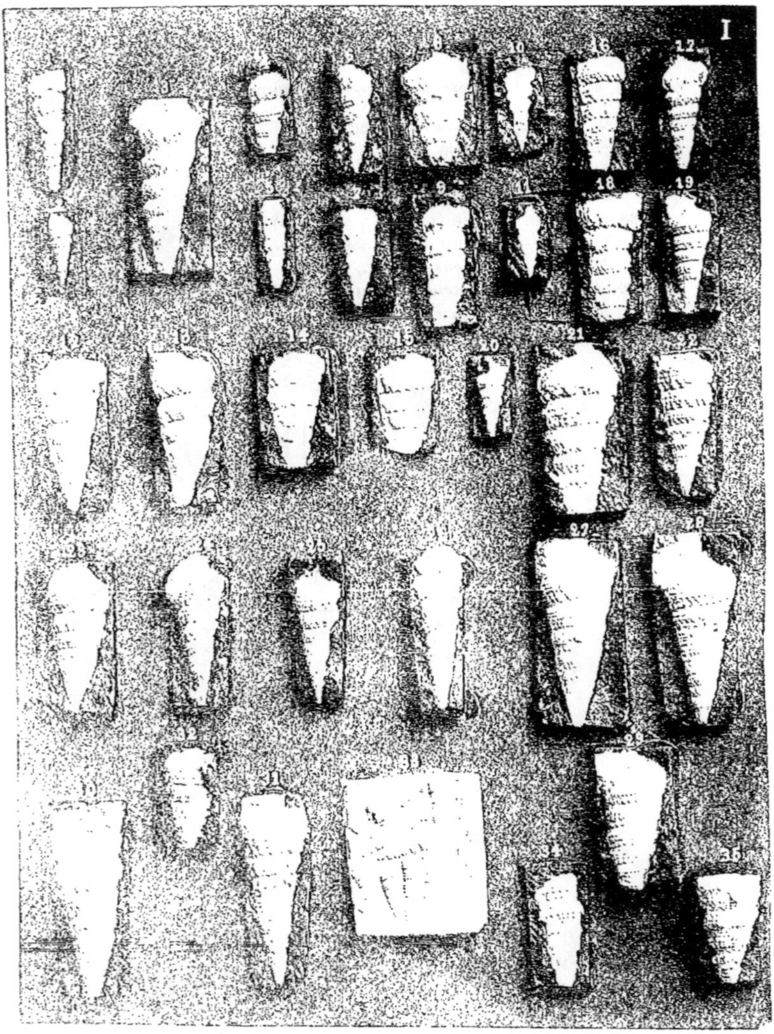
I

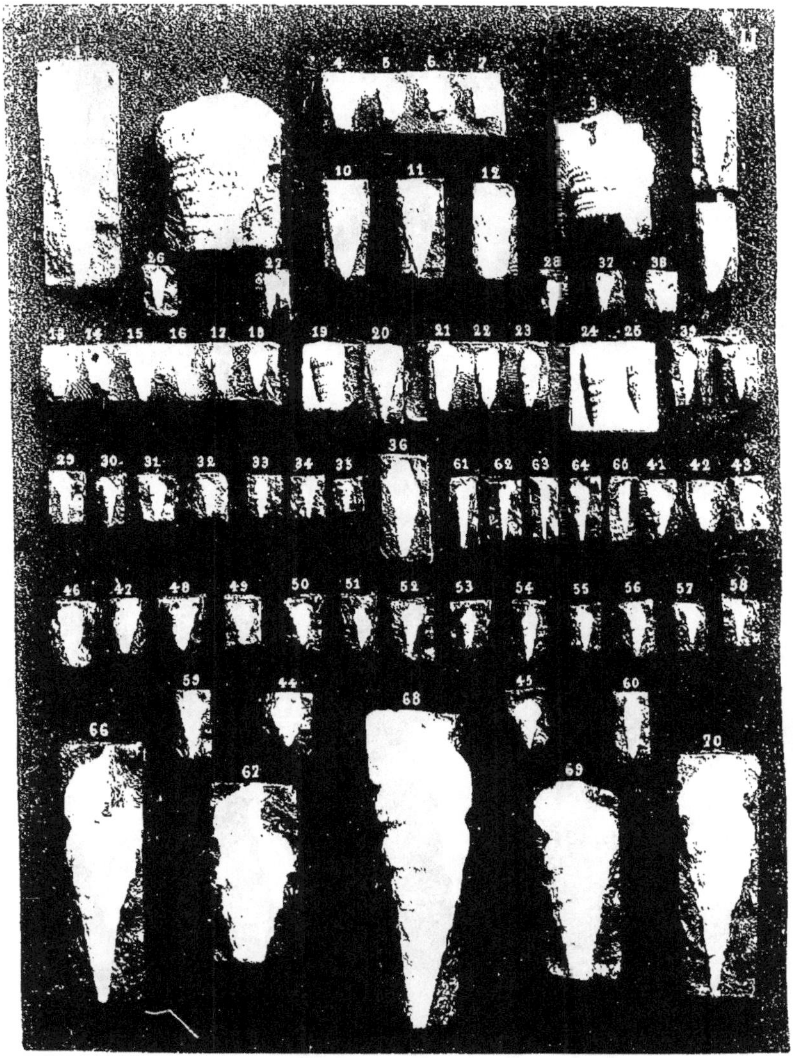

7
8
9
10
11
12
13

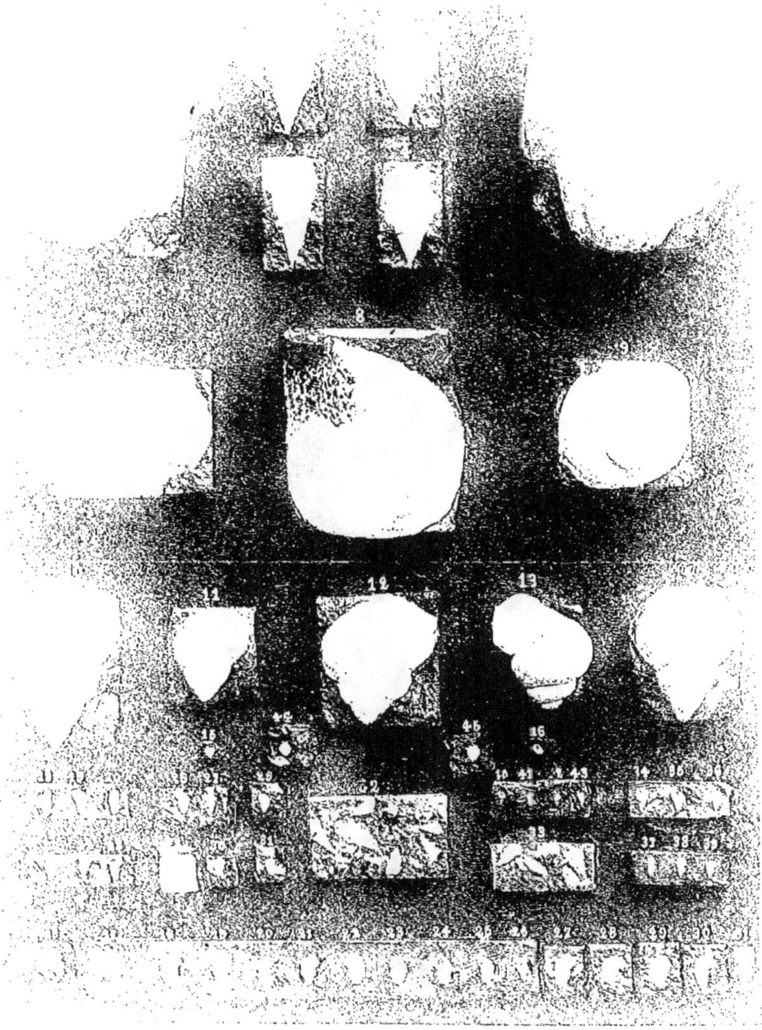

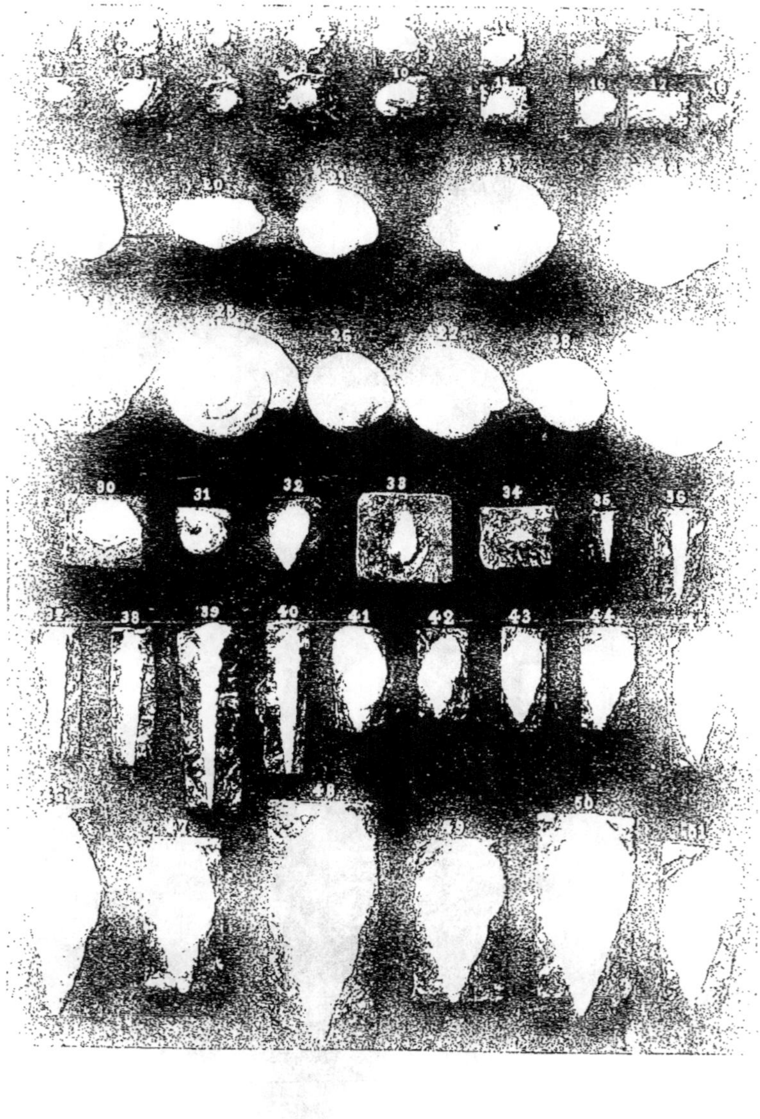

20
21
28
30
31
32
33
34
35
36
38
39
40
41
42
43
44
50

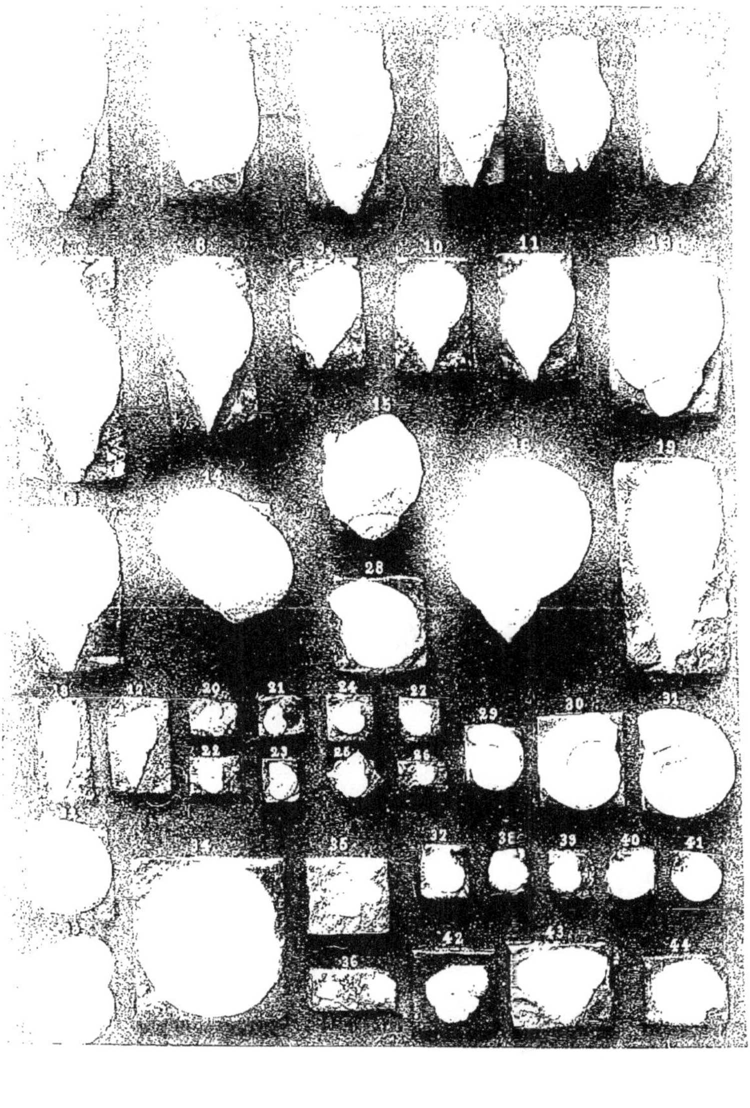

8
9
10
11
15
19
28
20
21
24
27
29
30
22
23
25
26
32
39
40
41
35
36
42
43
44

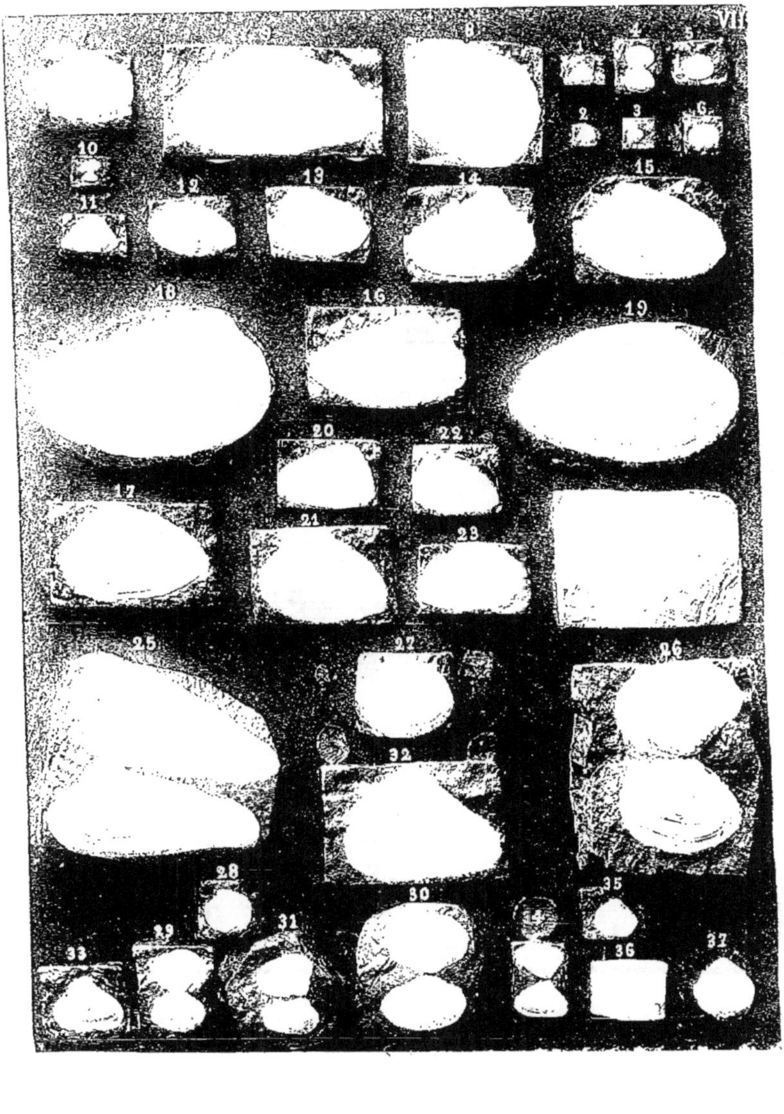

# ESSAI DE CLASSIFICATION DÉTAILLÉE ET COMPARATIVE

DES

## TERRAINS LACUSTRES ET SAUMATRES DU GROUPE D'AIX DANS LE BAS-LANGUEDOC, LA PROVENCE ET LE DAUPHINÉ

PAR F. FONTANNES

| ÉTAGES (de M. Mayer) | BASSIN DE PARIS (classification [illegible]) | GARD ET ARDÈCHE MÉRIDIONALE<br>Bassin d'Alais | BOUCHES-DU-RHONE<br>Bassin d'Aix | VAUCLUSE<br>Bassins d'Apt, de l'Isle, etc. | BASSES-ALPES<br>Bassin de Manosque | DROME ET ARDÈCHE ORIENT[ALE]<br>Bassins de Réauville, de [illegible] |
|---|---|---|---|---|---|---|
| AQUITANIEN | Calcaire de Beauce et Meulière de Montmorency. | II. — Conglomérat local à éléments [illegible] calcaires, parfois volumineux et peu roulés; [illegible] : 1° d'assises souvent puissantes (20-25 m.) d'argile sableuse plus ou moins compacte, grise, jaune, marbrée de rouge, [illegible] quelques lits noirâtres avec traces de coquilles; 2° de grès [illegible] à empreintes végétales. Épaisseur, 70-80 m. (1).<br>Exploitation du grès à Alais.<br>**Alais** (moulin de Sillol, [illegible]), **Rousson**, **Saint-Ambroix**, **Saint-Sauveur**, **Bessas**.<br>*Fragments de coquilles terrestres.*<br>*[illegible]* (coll. [illegible]) (2).<br>I. — Alternances d'argile grise verte et rougeâtre, en terme avec couches ligniteuses [illegible] et de [illegible] marneux blanchâtres grumeleux ou travertineux. Épaisseur, 20-25 m.<br>**Salindres** (Usine), **Saint-Germain-de-Cèze**, **Saint-Victor-de-Malcap**, **Bessas** (Pont-de-Coulonbin), **Brèjas**.<br>*Rhinocéros & incisives* (Salindres et Saint-Victor, coll. Dumas).<br>*Hyaenodon (?) [illegible], [illegible], [illegible] antiquum.* | Alternances de marne grise ou jaunâtre et de calcaire en bancs tantôt durs et compactes, tantôt marneux ou travertineux. Épaisseur, 80-100 m.<br>**Aix** ([illegible]), **Saint-Canadet**, **Le Puy-Sainte-Réparade**.<br>*Potamides [illegible], r., Hydrobia Dubuissoni, r., Neritina Aquensis, Helix Ramondi, H. [illegible], Limnaea subpalustris, L. [illegible], L. [illegible], r., L. [illegible], L. [illegible], L. [illegible], Planorbis declivis.* | II. — Calcaire marneux, calcaire dur et compacte, parfois vacuolaire à la partie supérieure, alternant avec des couches marneuses; calcaires feuilletés ou en plaquettes. Épaisseur, 10-15 m.<br>**Pertuis**, **La Bastidonne**, **La Bastide-des-Jourdans**, **Bonnieux**, **Malaucène**, **Saumanes**, **L'Isle-sur-Sorgue**.<br>*Poissons de Bonnieux.*<br>*Potamides [illegible], r., Hydrobia Dubuissoni, r., Neritina Aquensis, Helix Ramondi, Limnaea subpalustris, L. Garnieri, L. pachygaster, r., L. [illegible], r., L. [illegible], Planorbis declivis, P. [illegible], [illegible], Unio [illegible], Unio Vaucluseensis.*<br>*Flore de Bonnieux.*<br>I. — Marne argileuse jaunâtre ou rougeâtre. Épaisseur, 3-6 m.<br>**Mêmes localités.**<br>*Pas de fossiles connus.* | Argile grise et jaune, très grasse, avec lits tourbeux; calcaires et marnes grès et [illegible]; calcaire [illegible]; calcaire en plaquettes ou feuilletés; nombreuses couches de lignite vers la base. Épaisseur, 120-130 m.<br>Exploitations de lignite; tuileries.<br>**Villemus**, **Manosque**, **Dauphin**.<br>*Potamides [illegible], r., Hydrobia Dubuissoni, r., Neritina Aquensis, Helix Ramondi, H. [illegible], Limnaea subpalustris, L. Garnieri, L. pachygaster, r., L. [illegible], L. [illegible], L. [illegible], Planorbis declivis.*<br>*Flore de Manosque.* | II. — Argile grise ligniteuse; alternances de [illegible] calcaires compactes, parfois vacuolaires, surtout [illegible] quelques couches [illegible] de lignite; [illegible] silex pyromaque, abondants vers la base. Épaisseur [illegible]<br>**La Garde-Adhémar**, **Salles**, **Réauville**, **A[illegible]**, **Auriple**, **Divajeu**, **Crest**, **Vaunaveys**, **La B[illegible]**, **[illegible]niliane**, **Barcelonne** (Drôme), **Saint-Julien-[illegible]** (Ardèche).<br>*Potamides [illegible], r., [illegible], Hydrobia Dubuissoni, r., Neritina Aqu[illegible], Ramondi, H. [illegible], Limnaea subpalustris, L. [illegible], r., L. [illegible], L. [illegible], L. [illegible].*<br>I. — Marne argileuse jaunâtre ou rougeâtre. Épais[seur illegible]<br>**Mêmes localités.**<br>*Pas de fossiles connus.* |
| TONGRIEN | Sables et grès de Fontainebleau.<br>Calcaire de Brie . . . . . . .<br>Sables d'Ormoy.<br>Marnes à huîtres.<br>Calcaire de Brie.<br>Marnes vertes. | II. — Alternances de grès siliceux à grains plus ou moins fins, parfois variolés, à empreintes végétales et de marne compacte grise, jaunâtre, rougeâtre, parfois [illegible], renfermant en abondance des cristaux de pyrite ou des grains, rognons et géodes ferrugineux; quelques bancs de poudingue à éléments de [illegible]; de [illegible] ou [illegible]; banc de calcaire [illegible] jaunâtre [illegible]. Épaisseur, 40-60 m. (3).<br>**Méjannes**, **Cèze**, **Servas**, **Les Fumades**, **Rochegude**, **Saint-Jean-de-Maruéjols**, **Barjac**, **Vagnas**.<br>*? Anthracotherium magnum (coll. [illegible]) (4).*<br>*Helix sp. ? Pupa [illegible], P. [illegible], Limnaea sp.?*<br>*Flore du grès supérieur de [illegible], des Fumades (5).*<br>II bis. — Calcaire lacustre, dur, compacte et calcaire marneux blanchâtre. Épaisseur, 15-20 m.<br>**Montredon**, près de Sommières (3).<br>*Hydrobia [illegible], Helix sp. ?, [illegible], Pupa [illegible], P. [illegible], [illegible], Limnaea [illegible], L. [illegible], Planorbis [illegible], r.*<br>I. — Calcaire blanchâtre avec couches travertineuses; marnes et grès marneux gris ou verdâtre, jaunâtre par altération. Épaisseur, 20-25 m. (6).<br>**Montalis.**<br>*Striatella sp. ? Neritina sp. ?, Cyrena semistriata, C. Alesiensis.* | III. — Calcaire en bancs compactes ou feuilletés, parfois [illegible], alternant avec des couches marneuses. Épaisseur, 20-25 m.<br>**Aix** (Célony), **Eguilles**, **La Galade**, **Saint-Canadet**, **Le Puy-Sainte-Réparade**.<br>*Potamides Lamarcki, P. [illegible], r., P. [illegible], r., P. margaritaceus, r., P. Lamarcki, P. plicatus, c., Hydrobia Dubuissoni, c., Neritina Aquensis, Sphaerium gibbosum, Cyrena Gargasensis, C. Aquensis.*<br>II. — Sable marneux jaunâtre à stratification [illegible], avec lits et lentilles de grès. Épaisseur, 10-15 m.<br>**Mêmes localités.**<br>*Les dernières couches renferment quelques individus des Potamides et Hydrobia des calcaires supérieurs.*<br>I. — Alternances de calcaires blanchâtres feuilletés ou en plaquettes, de marnes grises plus ou moins sablonneuses, de [illegible] de gypse; silex pyromaque. Épaisseur, 20-25 m.<br>Exploitations de gypse.<br>**Mêmes localités.**<br>*Vespertilio Aquensis, [illegible] Aquensis; Sphaerodus, [illegible], Lebias, [illegible], Lepidocarpus; Cypris; Insectes (Coléoptères, Diptères, Lépidoptères).*<br>*Potamides submargaritaceus, r., Helix sp ? (vers le [illegible] de l'[illegible]); Cyrena semistriata, C. Aquensis (dans la partie supérieure, [illegible]) (13).* | II. — Calcaire compacte, parfois siliceux et calcaire marneux; marne argileuse grise, jaune, rougeâtre.<br>Exploitations de matériaux de construction.<br>**Pertuis**, **Gargas**, **Rustrel**, **Lourmarin**, **Bonnieux**, **Malaucène**, **Vacqueyras**, **Vaucluse**, **L'Isle**.<br>*Potamides Lamarcki, P. submargaritaceus, r., P. [illegible], r., P. [illegible], r., P. [illegible], Striatella [illegible], [illegible], Melanoides Laurae, Hydrobia Dubuissoni, r., [illegible], r., Neritina Aquensis, Limnaea cornea, Sphaerium gibbosum.*<br>I. d. Sables marneux, [illegible].<br>c. Argile sableuse verdâtre, gypsifère et calcaire blanc en plaquettes ou en petits bancs compactes.<br>b. Marne argileuse verdâtre; gypse; soufre.<br>a. Calcaire schisteux à Cyrena semistriata avec empreintes de Poissons et d'Insectes vers la base.<br>**Gargas** (Sainte-Radegonde), **Rustrel**, **Apt** (Les [illegible], le Puy), **Malaucène**, **Vacqueyras**, **Saint-Pierre-de-Vassols**, **Vaucluse**, **L'Isle**, **La Roque-Alric**.<br>Exploitations de gypse (Sainte-Radegonde) et de soufre (Les Gondonnets), sources minérales.<br>*Potamides sp. ?, Melanoides Laurae, Striatella sp. ?, Cyrena semistriata, Cyrena Gargasensis.*<br>Épaisseur de I et II, 60-70 m. | II. — Calcaire schisteux brun, gris à la surface, parfois très bitumineux, alternant avec des marnes argileuses grises, ocre; calcaire marneux très tendre.<br>Exploitations de houille grasse et maigre; chaux hydraulique.<br>**Villemus**, **Manosque**, **Dauphin**, **le Bois-d'Asson**.<br>*Potamides submargaritaceus, c., P. margaritaceus, n., P. plicatus, r., Hydrobia Dubuissoni, Sphaerium gibbosum.*<br>*Flore du Bois-d'Asson.*<br>I. c. Alternances d'argiles jaunes, grises, verdâtres, rouges et de bancs [illegible], parfois caillouteux; schistes calcaires à structure [illegible]; quelques couches de lignite; gypse dans la partie supérieure.<br>b. Marne argileuse et gypse.<br>a. Calcaire noirâtre en plaquettes et argiles multicolores; schistes [illegible], jaunes à la surface, avec Cyrena semistriata à la base.<br>Exploitation des schistes bitumineux (abandonnée), du gypse.<br>**Dauphin** (le Mont-d'Or [illegible], coll. loc.) (14), **le Bois-d'Asson**.<br>*Potamides Laurae, c., Striatella sepulchralis, Cyrena semistriata.*<br>Épaisseur de I et II, 70-80 m. | II. — Calcaire gris ou blanc, en bancs [illegible] et minces, souvent siliceux; marne argileuse grise [illegible] Épaisseur. 12-18 m.<br>**Réauville**, **Roche-sur-Grane**, **Châteauneu[f illegible]** (Drôme), **Saint-Julien-de-Vinsas** (Ardèche).<br>*Potamides Gravesensis, P. Lamarcki, c., Striatella [illegible], S. [illegible], Melanoides Laurae, Hydrobia Dub[uissoni illegible]*<br>I. c. Sable marneux à stratification argileuse agglomérés et couches [illegible], pass[illegible] à l'assise superposée.<br>b. Grès et sable marneux jaunes ou gris feuilletés, à empreintes végétales, [illegible]<br>a. Calcaire sableux gris à Cyrena semistriat[a].<br>Épaisseur, 125-150 m.<br>**Fort-les-Coquilles** (près de Marsanne), **Div[illegible]**, **La Baume-Cornillane**, **Barcelonne**.<br>*Potamides sp. ? Helix sp. ? Cyrena semistriata.* |
| [illegible]NIEN ET LIGURIEN | Marne d'eau douce de Pantin.<br>Gypse . . . Gypse et travertin de Champigny.<br>Marnes marines de Ludes. | IV. c — Calcaire compacte, jaunâtre; calcaire marneux, blanchâtre; calcaire noirâtre, dur, sonore, alternant dans le bas avec des argiles bariolées; quelques couches ligniteuses, gypse. Épaisseur, 10-15 m.<br>Fours-à-chaux à Vagnas; carrières de pierre de taille à Montchamps; tuilerie à Barjac.<br>**Issirac**, **Barjac** (La Vitrue), **Vagnas** (Montchamps, etc.)<br>*Vivipara Soricinensis, r., Hydrobia pyramidalis, n., H. [illegible], Helix Hombresi, Limnaea longiscata, r., L. pyramidalis, Planorbis polygyrus, P. [illegible], Sphaerium Bertereauxi.*<br>*Empreintes végétales (7).*<br>b. Cailloutis local, sables et argiles bariolés, très ferrugineux. Épais., 20-30 m.<br>**Mêmes localités.**<br>*Pas de fossiles connus.*<br>a. Calcaire marneux, parfois [illegible], marne sableuse, calcaire en plaquettes ou feuilleté; calcaire [illegible]; quelques couches de marne et de grès, rognons et lentilles de silex pyromaque; gypse; lignite. Épaisseur, 20-30 m.<br>Exploitations de lignite (Barjac, Avéjan), d'asphalte (Saint-Jean-de-Maruéjols), sources minérales (Les Fumades).<br>**Saint-Hippolyte-de-Caton**, **Monteils**, **Cèze**, **Servas**, **Les Fumades**, **Rochegude**, **Saint-Jean-de-Maruéjols**, **Pont-Couverte**, **Avéjan**, **Barjac**, **Issirac**, **Vagnas**.<br>*Palaeotherium medium, [illegible] communis, Pterodon dasyuroides, Tortue de grande taille (Lignite de Barjac, coll. loc.) (8).*<br>*Palaeotherium [illegible], P. [illegible], P. medium, P. [illegible], Lophiotherium cervulum, Anchitherium Dumasi, Anoplotherium commune, Hyopotamus crispus, [illegible], [illegible], Hyaenodon Requieni, H. minor, Pterodon [illegible], ([illegible]), Kaup, Trionyx (coll. Dumas).*<br>*Poissons et Insectes aux Fumades, à Saint-Hippolyte-de-Caton, à Avéjan (coll. loc.), à Saint-Jean-de-Maruéjols (coll. loc.) (9).*<br>*Striatella Barjacensis, Melanoides Albigensis, n., M. [illegible], M. [illegible], Melanopsis [illegible], n., [illegible], r., Vivipara [illegible], V. Soricinensis, Bythinia [illegible], Hydrobia pyramidalis, Nystia [illegible], n., Neritina Lauriacensis, n., [illegible], Limnaea [illegible], n., L. [illegible], L. longiscata, n., L. pyramidalis, Planorbis [illegible], r., P. polygyrus, P. [illegible], Sphaerium Bertereauxi, Cyrena [illegible], C. [illegible], C. Johannisensis (10).*<br>*Flore à Sequoia de Barjac (coll. loc.), de Cèze.*<br>III. — Calcaire blanchâtre ou jaune clair, très fossilifère, bancs durs, compactes, [illegible]. Épaisseur, 30-40 m. | IV. — Sables argileux et argiles verdâtres ou bariolées, renfermant sur quelques points des lentilles de cailloutis à éléments locaux de faible volume; quelques bancs peu épais de calcaire dur, blanc ou verdâtre, parfois grumeleux ou noduleux.<br>**Saint-Canadet**, **Le Puy-Sainte-Réparade**.<br>*Limnaea acuminata, r., L. longiscata, r.*<br>I. — Alternances de couches de marne argilo-sableuse, de grès marneux, multicolores, rouges le plus souvent et [illegible] | III. — Marne argileuse foncée à lignite et ossements; dépôt accidentel qui remplit des dépressions dans les marnes sableuses de l'assise II, sur lesquelles repose directement le calcaire de Cyrènes dans les localités où manque la couche ossifère. Épaisseur, 1-2 m.<br>**Gargas** (La Débruge et Perréal [illegible], coll. loc., près et au nord de La Débruge).<br>*Ph[illegible] Gervaisi, Theridomys [illegible], Anchitherium [illegible], Palaeotherium magnum, P. crassum, P. medium, P. curtum; Palaeotherium [illegible], P. [illegible]; Anoplotherium commune; [illegible]; [illegible]; Xiphodon [illegible], X. gracile; [illegible]; [illegible]; Adapis Parisiensis; [illegible]; [illegible]; [illegible]; [illegible]; Hyaenodon Requieni; Pterodon dasyuroides; [illegible], P. affine, P. [illegible] (coll. S. Gaud).*<br>*[illegible] de coquilles d'eau douce.*<br>II. Alternances de marne argilo-sableuse, d'argile verdâtre ou bariolée et de calcaire blanc ou verdâtre, tantôt dur et compacte, tantôt grumeleux ou noduleux.<br>**Pertuis**, **Apt**, **Gargas**, **Rustrel**.<br>*Fossiles rares et en mauvais état; Limnaea longiscata ?, L. [illegible] ? (dans les bancs calcaires).*<br>I. Marne argilo-sableuse rouge, sables marneux; bancs ou lentilles de poudingue à éléments locaux.<br>**Mêmes localités.**<br>*Pas de fossiles connus.*<br>Épaisseur de I et II, 40-60 m. | (7) | II. — Marne argilo-sableuse verte, rouge; [illegible] ou compacte, blanchâtre, verdâtre; [illegible]<br>**Vacqueyras**, **Réauville**, **Nyons**, **Crest**.<br>*Fossiles rares et en mauvais état; Limn[aea illegible]* *Limnaea longiscata ?*<br>I. — Marne argileuse, sables et grès argilo-[illegible], rouges le plus souvent, avec bancs [de] poudingue à éléments locaux, dont le volum[e illegible] de bas en haut. |

| | | | | | |
|---|---|---|---|---|---|
| Sables et grès de Fontainebleau. Calcaire de Brie | [illegible] du grès supérieur de Célas, des Fumades (5).<br><br>II *bis*. — Calcaire foncé, dur, compacte et calcaire marneux blanchâtre. Épaisseur, 15-20 m.<br>**Montredon**, près de Sommières (3).<br>*Hydrobia Episcoensis, Helix sp. ?, Soccinea Bertrandi, Pupa Sernonensis, P. Fabrei, Ancylus Dumasi, Limnaea æqualis, L. pygmæa, Planorbis cornu*, c.<br><br>I. — Calcaire blanchâtre avec couches travertineuses; marnes et grès marneux gris ou verdâtre, jaunâtre par altération. Épaisseur, 20-25 m. (6).<br>**Monteils**.<br>*Striatella sp. ? Neritina sp. ?, Cyrena semistriata, C. Alaisensis.* | II. — Sable marneux jaunâtre à stratification anguleuse, avec lits et lentilles de grès. Épaisseur, 10-15 m.<br>**Mêmes localités.**<br>*Les dernières couches renferment quelques individus des Potamides et Hydrobia des calcaires superposés.*<br><br>I. — Alternances de calcaires blanchâtres feuilletés ou en plaquettes, de marnes grises plus ou moins sablonneuses, de masses de gypse; silex pyromaque. Épaisseur, 20-25 m.<br>Exploitations de gypse.<br>**Mêmes localités.**<br>*Vespertilio Aquensis, Harpa Aquensis; Sphenolepis, Smerdis, Lebias, Perca, Lepidocotus; Cypris: Insectes (Coléoptères, Diptères, Lépidoptères.)*<br>*Potamides submargaritaceus*, c., *Helix sp ?* (vers le bas de l'assise); *Cyrena semistriata, C. Aquensis* (dans la partie supérieure, sec. Matheron) (13). | I. *d.* Sables marneux, faciès mollassique.<br>*a.* Argile sableuse verdâtre, gypsifère et calcaire blanc en plaquettes ou en petits bancs compactes.<br>*b.* Marne argileuse verdâtre: gypse; soufre.<br>*c.* Calcaire schisteux à *Cyrena semistriata* avec empreintes de Poissons et d'Insectes vers la base.<br>**Gargas** (Sainte-Radegonde), **Rustrel, Apt** (Les Goudonnets, le Puy), **Malaucène, Vacqueyras, Saint-Pierre-de-Vassols, Vaucluse, L'Isle, La Roque-Alric.**<br>Exploitations de gypse (Sainte-Radegonde) et de soufre (Les Gondonnets), sources minérales.<br>*Potamides sp. ?, Melanoides Laurae, Striatella sp. ?, Cyrena semistriata, Cyrena Gargasensis.*<br>Épaisseur de I et II, 60-70 m. | I. *d.* Alternances d'argiles jaunes, grises, verdâtres, rouges et de bancs gréseux, parfois caillouteux; schistes calcaires à structure ondulée; quelques couches de lignite: gypse dans la partie supérieure.<br>*b.* Marne argileuse et gypse.<br>*a.* Calcaire noirâtre en plaquettes et argiles multicolores; schistes foncés, jaunes à la surface, avec *Cyrena semistriata* à la base.<br>Exploitation des schistes bitumineux (abandonnée), du gypse.<br>**Dauphin** (le Mont-d'Imbert, *nov. loc.*) (14), **le Bois-d'Asson.**<br>*Potamides Laurae*, c., *Striatella sepulchralis, Cyrena semistriata.*<br>Épaisseur de I et II, 70-80 m. | [illegible] argileuses et couches noirâtres, passant [illegible] nuées à l'assise superposée.<br>*b.* Grès et sable marneux jaunes ou gris foncé, par[illegible] fossilifères, à empreintes végétales, couches de gyps[illegible]<br>*a.* Calcaire sableux gris à *Cyrena semistriata.*<br>Épaisseur, 125-150 m.<br>**Fort-les-Coquilles** (près de Marsanne), **Divajeu, Crest, La Baume-Cornillane, Barcelonne.**<br>*Potamides sp. ? Helix sp. ? Cyrena semistriata.* |
| Gypse... Marne d'eau douce de Pantin. Gypse et travertin de Champigny. Marnes marines de Ludes. | IV. *c.* — Calcaire compacte, jaunâtre; calcaire marneux, blanchâtre; calcaire noirâtre, dur, sonore, alternant dans le bas avec des argiles bariolées; quelques couches ligniteuses; gypse. Épaisseur, 10-15 m.<br>Fours à chaux à Vagnas; carrière de pierre de taille à Montchamps; tuilerie à Barjac.<br>**Issirac, Barjac** (La Villette), **Vagnas** (Montchamps, etc.)<br>*Vivipara Soricinensis*, c., *Bythinia pyramidalis*, c., *H. Episcoensis, Helix Hombresi, Limnaea longiscata*, c., *L. pyramidalis, Planorbis polygyratus, P. Rouvillei, Sphaerium Bertereaux.*<br>*Empreintes végétales* (7).<br><br>*b.* Cailloutis local, sables et argiles bariolés, très ferrugineux. Épais., 25-30 m.<br>**Mêmes localités.**<br>*Pas de fossiles connus.*<br><br>*a.* Calcaire marneux, parfois oolithique, marne sableuse, calcaire en plaquettes ou feuilleté; calcaire oolithique; quelques couches de marne et de grès; rognons et lentilles de silex pyromaque; gypse; lignite. Épaisseur, 20-30 m.<br>Exploitations de lignite (Barjac, Avéjan), d'asphalte (Saint-Jean-de-Maruéjols), sources minérales (Les Fumades).<br>**Saint-Hippolyte-de-Caton, Monteils, Célas, Servas, Les Fumades, Rochegude, Saint-Jean-de-Maruéjols, Pont-Couverte, Avéjan, Barjac, Issirac, Vagnas.**<br>*Palaeotherium medium, Anoplotherium commune, Pterodon dasyuroides. Tortue de grande taille* (Lignite de Barjac, *nov. loc.*) (8).<br>*Palaeotherium crassum, P. curtum, P. medium, P. minus, Lophiotherium cervulum, Amphitherium Dumasi, Anoplotherium commune, Hyopotamus crispus, Choeropotamus Parisiensis, Cebochoerus lacustris, Hyaenodon Requieni, H. minor, Pterodon dasyuroides* [illegible], *Emys, Trionyx* [illegible].<br>*Poissons et Insectes aux Fumades, à Saint-Hippolyte-de-Caton, à Avéjan* (*nov. loc.*), *à Saint-Jean-de-Maruéjols* (*nov. loc.*) (9).<br>*Striatella Barjacensis, Melanoides Albigensis*, c., *M. Occitanica*, *M.* [illegible], *Melanopsis acrolepta, M. subulata*, c., *Vivipara* [illegible], *V. Soricinensis, Bythinia* [illegible], c., *Hydrobia pyramidalis, Neritina* [illegible], c., *Neritina* [illegible], c., *Pupa* [illegible], *Limnaea* [illegible], c., *L. longiscata*, c., *L. pyramidalis, Planorbis* [illegible], c., *P. polygyratus, P.* [illegible], *Sphaerium Bertereaux, Cyrena* [illegible], *C.* [illegible], *C. Johannisensis* (10).<br>*Flore à Sequoia de Barjac* (*nov. loc.*), *de Célas.*<br><br>III. — Calcaire blanchâtre ou jaune clair, très fossilifère, bancs durs, compactes, quelques couches marneuses; Épaisseur, 35-40 m.<br>Carrières de pierre de taille (Barjac).<br>**Barjac, Saint-Privat-de-Champclos, Orgnac, Issirac, Laval-Saint-Roman, Goudargues, Saint-Laurent-des-Carnols.**<br>*Potamides polygrammus, Striatella* [illegible], c., *S. Issiracensis, S.* [illegible], *S.* [illegible], *S.* [illegible], *Melania* (*s. l.*)? [illegible], *M.* [illegible], *Melanopsis acrolepta, Neritina* [illegible], *L.* [illegible] *var., Planorbis* [illegible], c.<br>*Empreintes végétales.*<br><br>II. — Calcaire compacte, blanchâtre ou jaune clair (intimement lié au précédent par ses caractères paléontologiques); silex pyromaque. Épaisseur 12-15 m.<br>**Masserguas, Orgnac, Laval-Saint-Roman, Bernas**, près de Montclus.<br>*Potamides* [illegible], *P. polygrammus, Striatella* [illegible], *Melania* (*s. l.*)? [illegible], *M.* [illegible], *Planorbis* [illegible], *Cyrena Dumasi, C.* [illegible], *C.* [illegible], *C.* [illegible], *C.* [illegible].<br><br>I. — Argile sableuse verte, rouge; grès et sables ferrugineux multicolores; cailloutis; gypse.<br>**Laval-Saint-Roman, Galès**, près de Montclus, ? **Euzet** (11).<br>*Pas de fossiles connus* (12). | II. — Sables argileux et argiles verdâtres ou bariolées, renfermant sur quelques points des lentilles de cailloutis à éléments locaux de faible volume; quelques bancs peu épais de calcaire dur, blanc ou verdâtre, parfois grumeleux ou noduleux.<br>**Saint-Canadet, Le Puy-Sainte-Réparade.**<br>*Limnaea* [illegible], c., *L. longiscata*, c.<br><br>I. — Alternances de couches de marne argilo-sableuse, de grès marneux, multicolores, rouges le plus souvent et conglomérat local occupant tout ou partie de l'assise.<br>**Roquefavour, Les Milles, Aix** (montée d'Avignon) **Saint-Canadet, Le Puy-Sainte-Réparade.**<br>*Pas de fossiles connus.*<br>Épaisseur de I et II, 100-150 m. | III. — Marne argileuse foncée à lignite et ossements: dépôt accidentel qui remplit des dépressions dans les marnes sableuses de l'assise II, sur lesquelles repose directement le calcaire de Cyrènes dans les localités où manque la couche ossifère. Épaisseur, 1-2 m.<br>**Gargas** (La Débruge et Pradal Morin, *nov. loc.*, près et au nord de **La Débruge**).<br>*Plesiarctomys Gervaisi; Theridomys Vaillanti, Amphitherium Badegoulense; Palaeotherium magnum, P. crassum, P. medium, P. curtum; Paloplotherium annectens, P. minus; Anoplotherium commune; Cainotherium* [illegible], *C. Courtoisi; Xiphodon crispum, X. gracile; Dacrytherium* [illegible]; *Aphelotherium Duvernoyi; Adapis Parisiensis; Tapirulus hyracinus; Anthracotherium* [illegible], *Choeropotamus Parisiensis; Cebochoerus anceps; Cynodictis* [illegible]; *Hyaenodon Requieni; Pterodon dasyuroides; Peratherium* [illegible], *P. affine, P.* [illegible] (*sec.* S. Gras).<br>*Fragments de reptiles d'eau douce.*<br><br>II. Alternances de marne argilo-sableuse, d'argile verdâtre ou bariolée et de calcaire blanc ou verdâtre, tantôt dur et compacte, tantôt grumeleux ou noduleux.<br>**Pertuis, Apt, Gargas, Rustrel.**<br>*Fossiles rares et en mauvais état; Limnaea longiscata ?, L. elongata ?* (dans les bancs calcaires).<br><br>I. Marne argilo-sableuse rouge, sables marneux; bancs ou lentilles de poudingue à éléments locaux.<br>**Mêmes localités.**<br>*Pas de fossiles connus.*<br>Épaisseur de I et II, 40-60 m. | (?) | II. — Marne argilo-sableuse verte, rouge; calcaire noduleux ou compacte, blanchâtre, verdâtre; rognons de silex multicolores.<br>**Vacqueyras, Réauville, Nyons, Crest.**<br>*Fossiles rares et en mauvais état; Limnaea elongata*, r., *Limnaea longiscata ?*<br><br>I. — Marne argileuse, sables et grès argilo-marneux multicolores, rouges le plus souvent, avec bancs ou lentilles de poudingue à éléments locaux, dont le volume diminue graduellement de bas en haut.<br>**Vacqueyras, Malaucène, Nyons, Réauville, Divajeu, Crest.**<br>*Pas de fossiles connus.* |
| Calcaire de Saint-Ouen. Sables de Beauchamp | | | | | |

## NOTES

(1) Il est impossible de donner des estimations précises, lorsqu'il s'agit non d'une localité mais d'un bassin, les épaisseurs variant notablement dans un périmètre souvent très restreint; certaines assises même disparaissent en certains points, par suite des [illegible] qui ont affecté les terrains tertiaires dans cette région. Les épaisseurs que j'indique dans ce tableau se rapportent généralement au maximum.

La subdivision des étages ne pouvant être identique dans toutes les régions, les assises qui portent les mêmes numéros ne se correspondent pas rigoureusement.

(2) Cette assise et la suivante ne sont classées que provisoirement et sous toutes réserves dans l'Aquitanien, le petit nombre des documents paléontologiques recueillis jusqu'ici ne permettant pas de se prononcer définitivement entre la base de cet étage et le Tongrien supérieur. [illegible]

(3) [illegible]

(4) [illegible]

(5) C'est sous l'obligeante conduite de mon confrère et ami, M. G. Fabre, que j'ai visité, en 1882, les environs de Servas et de Célas, [illegible]

(6) Cette assise, qui est peu constante, semble se rattacher plus intimement, dans les environs de Monteils, aux terrains supérieurs qu'à ceux qui lui sont inférieurs. [illegible]

(7) [illegible]

(8) [illegible]

(9) Ces gisements que j'ai découverts en 1882, paraissent être extrêmement riches en Poissons et en Insectes, particulièrement en Diptères.

(10) La faune malacologique qui accompagne à Barjac, les *Palaeotherium* et *Anoplotherium*, offre un assez grand nombre de formes communes, et des plus caractéristiques, avec celle de l'Éocène supérieur dans le bassin de Paris; [illegible]

(11) Ce n'est que sous toutes réserves que je place ici les sables et graviers ferrugineux des environs de Saint-Hippolyte-de-Caton, d'Euzet, de Bagnols, [illegible]

(12) L'ensemble des assises I à IV, limité au sommet par les calcaires à *Cyrena semistriata* ou par les argiles pyriteuses, à la base par les calcaires à *Planorbis pseudammonius*, correspond évidemment au Ligurien (Éocène sup.) et au Bartonien [illegible]

[illegible] Aix, comme de celui de Visan, qui, ainsi que je l'ai montré, débute le plus souvent par un conglomérat, [illegible] *Limnaea longiscata* et celle à *Planorbis pseudammonius*.

Dans tout le Sud-Est, les différentes assises du groupe d'Aix se sont déposées d'une manière continue, [illegible] — 1° *La phase des grandes Cyrènes et des Potamides*; 2° *La phase des Striatelles*, [illegible] — 3° *La phase des grandes Mélanies* [illegible] — 4° *La phase des coquilles d'eau douce*: Limnées, Planorbes, Hydrobies, Néritines, Sphaerium, etc. — 5° *La phase des coquilles terrestres*: Helix, Clausilies, Pupa, Cyclostomes.

(13) Il me paraît impossible de placer le gypse d'Aix et de Gargas dans l'Éocène, ainsi que M. Mayer l'a proposé. [illegible]

(14) Gisement nouveau très intéressant, qui m'a permis de classer avec certitude l'ensemble des dépôts de cette région inférieurs au lignite de Manosque.

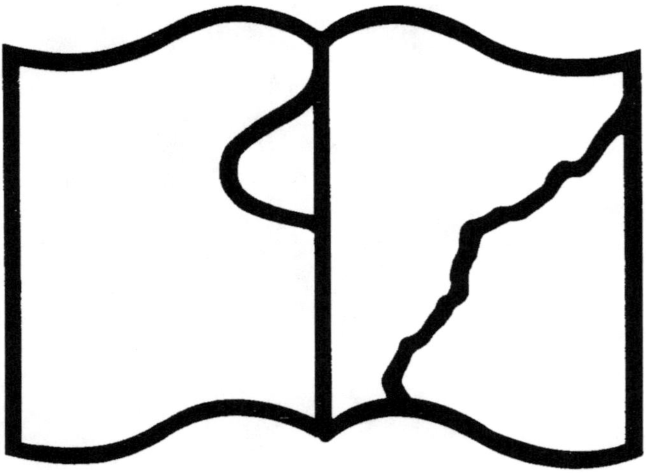

www.ingramcontent.com/pod-product-compliance
Lightning Source LLC
Chambersburg PA
CBHW071251200326
41521CB00009B/1715